LA GUÍA DE AMPLIFICADORES DE GUITARRA PARA GUITARRISTAS

Un manual de instrucciones de referencia para músicos
Segunda edición

Dave Zimmerman
traducido por Javier Moreno
y Sarai Gutiérrez Rodríguez

Green Frog Publishing • East Montpelier, VT

La Guía de Amplificadores de Guitarra para Guitarristas
por Dave Zimmerman

Copyright © 2015 Green Frog Publishing.

Green Frog Publishing
P.O. Box 46
East Montpelier, VT 05651
www.greenfrogpublishing.com

Segunda edición
Escrito por Dave Zimmerman
Editado por Cecilia Bizzoco
Corregido por Jeff Hoerth
Traducido por Javier Moreno y Sarai Gutiérrez Rodríguez
Diseño de portada por Nancy Sepe de Star Hill Studio Design
Retrato de portada por Lynn Bohannon de Lynn Bohannon Photography

Todos los derechos reservados. Ninguna porción de este libro puede ser reproducida o copiada en ninguna forma o por cualquier medio, ni almacenada en ninguna base de datos o sistema de recuperación de datos sin permiso escrito del autor, excepto para breves citas en artículos o críticas en donde la fuente quede clara. Para más información, comuníquese con Maven Peal Instruments.

Green Frog Publishing es una marca comercial registrada de Green Frog Publishing, y no está asociada con ningún artista o empresa de amplificadores. Todos los nombres de productos, artistas musicales y servicios que se mencionan en este libro se usan sólo de forma editorial y para beneficio de dichas empresas y artistas sin intención de infringir marcas comerciales registradas. Ni estos usos ni el uso de nombres comerciales tiene por objeto transmitir un endoso de este libro u otra afiliación con el mismo.

Nunca extraigas el amplificador del chasis sin la asistencia de un técnico. Consulta el ***Capítulo dieciséis—Conceptos básicos de seguridad*** para más información. La información que aparece en este libro se proporciona "tal como es", sin garantía. Aunque se han tomado todas las precauciones en la preparación de este libro, ni el autor ni Maven Peal Instruments tendrán ninguna responsabilidad sobre cualquier persona o entidad con respecto a pérdidas o daños causados (o presuntamente causados) directa o indirectamente por las instrucciones contenidas en este libro o por los equipos musicales descritos en el mismo.

EAN-13 978-0-9854978-4-2
Library of Congress 2015930319

Impresión y encuadernación en los Estados Unidos de América.

Dedicado a Alexander.

Gracias, en especial, a Jeff Chapman, Erik Ellison, Ed y Deb Miller, Tom Wurtz y Al Walker.

Índice

Introducción **21**
    Cómo usar este libro 24

Parte Uno—Lo bueno

Capítulo uno
Un buen amplificador.. **31**
    Elección de un amplificador 32
    Las razones equivocadas 37

Capítulo dos
Buen tono **41**
    Trata de grabarte a ti mismo 43
    Tocar solo vs. tocar con una banda 45
    Buenos tonos limpios 46
    Buenos tonos sucios.. 49
    Unas palabras sobre el ruido eléctrico o "hum" 50

Capítulo tres
Amplificadores de referencia............................... 55

    Fender Tweed antiguos 55

    Fender Tweed posteriores 57

    Blackface Fender.. 58

    Amplificadores Marshall sin volumen general de 100 W
    y 50 W... 59

    Cabezales y gabinetes 61

    Vox AC30... 62

    Dumble y Mesa Boogie iniciales 63

    Trainwreck... 64

    Marshall de volumen general... 65

    Amplificadores de alta ganancia multicanal 66

    Amplificadores digitales o de modelado y programas de
    computadora.. 68

Capítulo cuatro
Buenas recomendaciones.. 71

    Hablando de gente decente 75

Parte Dos—Ajuste de tono

Capítulo cinco
Rabdomancia para Tonos 83

    Cultivar tu estilo.. 84

    Cambiar bocinas y gabinetes 84

    Cambio de tubos de potencia 91

    Cambio de tubos de preamplificador................................. 102

    Cambio de alambres y cables... 103

    Agregar una modificación de caída de tensión (sag) 103

    Cambio del transformador de salida................................... 105

    Agregar la modificación favorita del técnico..................... 106

    Reconstruye el amplificador... 106

Índice

Capítulo seis
Cultivar tu estilo **109**
   Tocar con un amplificador sin volumen general 110
   Punteo de canales en amplificadores antiguos o reediciones de amplificadores 114
   Tocar con un amplificador de volumen general 115

Capítulo siete
Bocinas **119**
   Respuesta de frecuencia 120
   Eficiencia 121
   Habilidad de manejo de potencia 122
   Anatomía de una bocina de amplificador de guitarra 124
   Material de cono de bocina 128
   Diámetro de bocina 130
   Fabricantes de bocinas 132
   Ohmios 136

Capítulo ocho
Gabinetes **147**
   Gabinetes de parte posterior abierta vs. cerrada 149
   Obtener la mayor cantidad posible de bajos del gabinete 150
   Paños de bocinas 151

Capítulo nueve
Tubos de potencia **153**
   Fabricantes de tubos 158
   Tubos rectificadores 161

Capítulo diez
Tubos de preamplificador **165**
   Tubos de preamplificador NOS 169

Capítulo once
Alambres y cables **171**
    Cable de guitarra 171
    Cables de bocina 181
    Cable de alimentación 185
    Un último consejo 187

Capítulo doce
Unas palabras sobre volumen **191**
    Por qué el volumen más alto suena mejor 192
    Perillas de vataje 194
    Cargas ficticias (también conocidas como atenuadores) .. 195
    Volúmenes generales 196
    Transformador variable (también conocido como Variac) 196
    The Sag Circuit 198

Parte Dos—Lo básico

Capítulo trece
Aspectos básicos del amplificador **203**
    El preamplificador 204
    El amplificador de potencia 213
    Salida de línea 229

Capítulo catorce
Principios básicos de distorsión **231**
    Ganancia 233
    Distorsión 233
    Armónicos 235
    Subarmónicos 241
    Ese sonido zumbante y chirriante 242
    Oportunidades para distorsión 243
    Overdrive y Boost/Distorsión y Fuzz 244

Índice

    Distorsión de preamplificador vs. distorsión de amplificador de potencia... 248

    Distorsión de bocina 253

Capítulo quince
Principios básicos de tubos 257

    Virtudes de los tubos... 258

    Virtudes de los transistores.. 259

    Cómo funcionan los tubos 260

    ¿Qué significan los nombres?.. 267

Capítulo dieciséis
Principios básicos de seguridad.........................271

    Unas palabras sobre atenuadores..................................... 276

    Bocinas, cargas y cable de bocina 277

Capítulo diecisiete
Conexión del equipo a tierra 281

Parte Cuatro—Apéndices

Apéndice A
Tablas de ohmios de bocinas 293

    Amplificador de 30 W... 294

    Amplificador de 50 W... 295

    Amplificador de 100 W... 296

    Amplificador de 100 W... 296

Apéndice B
Tonos de tubos de potencia 299

    Características de tonos de tubo 300

    Tabla de sustitución de tubos.. 301

Apéndice C
Tipos de tubo de preamplificación 303

Apéndice D
Diagramas de bloque de amplificadores 307

Lista de verificación A
Elección del amplificador....................................313
- Consideraciones personales 313
- Preguntas específicas de amplificadores............................ 314

Lista de verificación B
Reglas de seguridad 317
- Reglas de seguridad al tocar con el amplificador................ 317
- Reglas de seguridad al trabajar con tu amplificador.......... 319

Glosario A
Técnico 321

Glosario B
Tonales..333

Sobre el autor
Dave Zimmerman 341

Sobre los traductores
Javier Moreno 343
Sarai Gutiérrez Rodríguez....................................345

Lista de ilustraciónes

Capítulo cinco
Rabdomancia para Tonos

Ilustración 5.1—Ajustes tonales 84

Ilustración 5.2—Alambrado para conexiones en serie y en
 paralelo 88

Ilustración 5.3—Enganche de sujeción de base con tubo 92

Ilustración 5.4—Enganche con resortes con tubo 93

Ilustración 5.5—Enganche de EL84 94

Ilustración 5.6—Enganche EL84 con tubo 94

Ilustración 5.7—Parte inferior del tubo de potencia octal
 que muestra el pasador de posicionamiento 95

Ilustración 5.8—Parte superior del encaje de tubo de
 potencia octal, con la parte hembra del pasador de
 posicionamiento 95

Ilustración 5.9—Tubo de preamp de nueve clavijas
 12AX7 96

Ilustración 5.10—Encaje de tubo de nueve clavijas 97

Ilustración 5.11—Onda senoidal típica 98

Ilustración 5.12—Onda senoidal con distorsión de cruce 98

Ilustración 5.13—Protector de tubo de preamplificador de alta gama mostrando ranura de protector y muesca de base.. 103

Capítulo siete
Bocinas

Ilustración 7.1—Bocina para guitarra fundida con bobina de voz de cobre desplazada enrollada en formador de bobina blanca 122

Ilustración 7.2—Características de bocina según tipo de tono.. 123

Ilustración 7.3—Bocina para guitarra fundida con material duro arrugado de cono de bocina................................... 125

Ilustración 7.4—Imán para bocinas de AlNiCo vs. de cerámica.. 126

Ilustración 7.5—Analogía de barril de agua para entender los ohmios 137

Capítulo nueve
Tubos de potencia

Ilustración 9.1—Espectro de ganancia de tubos octales de potencia 156

Capítulo once
Alambres y cables

Ilustración 11.1—Impedancia de circuito y corriente y voltaje típico según el tipo de cable................................... 172

Ilustración 11.2—Interior de un cable de guitarra 173

Ilustración 11.3—Ondas senoidales que muestran lo fundamental y una serie de armónicos impares............... 176

Ilustración 11.4—Fundamental con armónicos impares combinados.. 176

Lista de ilustraciónes

Ilustración 11.5—Fundamental y armónicos desfasados 177

Ilustración 11.6—Suma de fundamental y armónicos desfasados 177

Ilustración 11.7—Interior de un cable de bocina 181

Capítulo trece
Aspectos básicos del amplificador

Ilustración 13.1—Cuatro frecuencias principales y sus controles 216

Capítulo catorce
Principios básicos de distorsión

Ilustración 14.1—Onda senoidal típica 232

Ilustración 14.2—Onda senoidal con recorte duro 232

Ilustración 14.3—Onda senoidal con recorte suavizado 234

Ilustración 14.4—Ondas senoidales con la fundamental y una serie de armónicos impares 236

Ilustración 14.5—Fundamental con armónicos impares combinados 236

Ilustración 14.6—Ondas senoidales con la fundamental y una serie de armónicos pares 237

Ilustración 14.7—Fundamental con armónicos pares combinados 237

Ilustración 14.8—Fundamental con armónicos pares e impares combinados 238

Ilustración 14.9—Onda senoidal en un lado produciendo armónicos pares 238

Ilustración 14.10—Onda senoidal recortada asimétricamente produciendo armónicos pares e impares 240

Ilustración 14.11—Oportunidades para distorsionar un amplificador de guitarra 244

La Guía de Amplificadores de Guitarra para Guitarristas

Capítulo quince
Principios básicos de tubos

    Ilustración 15.1—Diodo 262

    Ilustración 15.2—Triodo 263

    Ilustración 15.3—Tetrodo.. 265

    Ilustración 15.4—Pentodo 266

    Ilustración 15.5—Tetrodo de haz dirigido (kinkless o sin pliegue)... 267

Capítulo diecisiete
Conexión del equipo a tierra

    Ilustración 17.1—Panel eléctrico principal típico 283

Apéndice D
Diagramas de bloque de amplificadores

    Ilustración D.1—Diagrama de bloques de amplificador antiguo 308

    Ilustración D.2—Diagrama de bloques de amplificador moderno 309

…porque me sienta bien.

De niño, la música me fascinaba. Al tocar la guitarra me teletransporto a mi juventud, y al asombro que sentía en aquella época. Cuando toco un acorde o toco bien un pasaje, me siento feliz. Siento que me conecto a una entidad más grande y con todos los músicos geniales que me preceden. No lo puedo explicar... la música estaba antes de que llegara yo y seguirá por aquí mucho después de que me vaya. Cuando toco, todo va bien.

Joe Columna

Introducción

En los últimos veinte años, lo que más me ha sorprendido al fabricar amplificadores "boutique" (o especializados) es la confusión —o lo que supongo que mis colegas de marketing llamarían "mística"— respecto a cuál es la clave para que un amplificador sea excelente.

Aunque no es un secreto que los tubos y la distorsión de amplificador de potencia son una parte importante de lo que está detrás de esta mística, supongo que los grandes fabricantes estarían encantados si los guitarristas se olvidaran de los tubos y de la distorsión de amplificador de potencia. Los tubos son demasiado caros de fabricar y muy frágiles de distribuir. Las fuentes de alimentación y los amplificadores de potencia fluidos son mucho más caros de diseñar y fabricar que las fuentes de alimentación y los amplificadores de potencia a transistores.

Para colmo de males, mucha de la información disponible sobre amplificadores, ya sea en línea, en tiendas o en libros y revistas, no es nada objetiva debido a la competencia por ganar el vil metal. El resto es una incógnita y, para la mayoría, difícil de entender.

Así que muchos guitarristas se decantan por comprar el amplificador que usa su artista favorito.

Érase una vez, los grandes fabricantes de amplificadores regalaban amplificadores a los artistas importantes, y ellos los usaban.

Lamentablemente, ahora los fabricantes pagan a los artistas para que usen sus amplificadores, o digan que los usan. Cuando un fabricante crea un modelo especial para un artista —diseñado con el legendario guitarrista "Fulanito"—, parte del dinero de las ventas de los amplificadores va a parar al bolsillo de Fulanito.

"¡Y con todo el derecho!", dirás tú. Lo que pasa es que los amplificadores que Fulanito usa en sus conciertos son probablemente amplificadores modificados de los modelos estándar que se compran en tienda.

Y lo que es peor: ha habido casos en el que los modelos "Fulanito" tienen una luz encendida y quizás hasta algunos tubos brillando en el escenario, pero en realidad Fulanito está conectado a un amplificador completamente diferente, modificado, antiguo o boutique (especializado), bien oculto a la mirada del público.

Otro aspecto que contribuye a la confusión sobre la calidad de un amplificador es el hecho de que los artistas prefieren mantener sus métodos de grabación en secreto. Un clásico ejemplo es Jimmy Page, de Led Zeppelin.

Hay conciertos de Page frente a montones de amplificadores Marshall de 100 W ó 200 W. Sin embargo, en el estudio Jimmy prefería amplificadores pequeños y era muy reservado sobre lo que usaba. La especulación más frecuente es que usaba amplificadores Supro, lo cual tiene sentido al escuchar aquel tono rasposo y blusero de los dos primeros álbumes de Led Zeppelin.

Así que, como músico, tienes muchos obstáculos en el camino mientras descubres qué te sirve y qué no te sirve.

Introducción

Los objetivos de este libro son:

- Ayudar a esclarecer el tema del tono de amplificador de guitarra tanto a novatos como a profesionales.

- Ayudarte a entender los términos que se usan al hablar de tonos.

- Ayudarte a que tú mismo hagas ajustes tonales a la configuración antes de llevar el amplificador a un técnico para que lo modifique, o antes de guardarlo y conseguirte uno nuevo.

Cuando sugiera productos que me gustan y el porqué, ten en cuenta que me gustan los sonidos de guitarra rock con un estilo más antiguo, como Van Halen en sus inicios, Led Zeppelin, Black Crowes, Tool, Red Hot Chili Peppers, ZZ-Top, AC/DC (especialmente en su época con Bon Scott), Alex Lifeson (quien tiene una amplia gama de tonos), Jeff Beck, Sonny Landreth (el mejor guitarrista *slide* de todos los tiempos, y una persona encantadora), Jimi Hendrix y, por supuesto, el rey del tono, Eric Johnson.

También me gustan bastantes bluseros como B.B. King, Albert King, Stevie Ray Vaughan, Buddy Guy, Muddy Waters, Son House, etc. Aunque no tocan mi estilo, algunos guitarristas de los inicios del Rock & Roll son formidables y tienen excelentes tonos. Escucha a Chet Atkins y presta atención a la guitarra.

También me gustan muchas las bandas contemporáneas Hard Rock como White Stripes, Jet, Three Doors Down, Staind, Seether, Lamb of God y, por supuesto, Tenacious D.

No soy un gran fanático del metal. Me gustan algunos artistas, pero la mayoría debería olvidarse de ese "nido de avispas" para que me lleguen a gustar. Con un equipo y un enfoque adecuados se puede lograr un buen tono metálico sin el síndrome del nido de avispas. Para mí es importante saber qué acorde se está tocando. Cuando el tono se distorsiona tanto que el guitarrista toca un do o un do sostenido y nadie nota la diferencia, entonces pierdo el interés.

Dicho esto, no hay nada mejor que amplificador que parece estar a punto de explotar, estilo Neil Young o Jack White.

Aunque yo no suelo escuchar mucho country o jazz, todos podemos aprender algo sobre los tonos limpios a moderadamente distorsionados de los grandes guitarristas de estos géneros. Para los diseñadores de amplificadores, uno de los objetivos más difíciles de lograr es la creación de buenos tonos limpios, así que los respeto muchísimo cuando los oigo.

Al tocar "en limpio", uno no puede ocultarse detrás de mucha distorsión o sustain. Se tiene que tocar bastante con el amplificador para obtener lo que se desea. Como resultado, los guitarristas de jazz y country tienden a poseer técnicas asombrosas. Nada es más intimidante que ponerse a tocar junto a un tipo que se apareció con un amplificador antiguo, un cable y su Telecaster.

Así que, incluso si eres un fanático metalero hasta el tuétano, te recomiendo dedicar algo de tiempo a escuchar algunos estilos más "suavecitos" para que te den algunas ideas tonales y algunas técnicas.

Cómo usar este libro

La Parte dos—Ajustar el tono es el corazón de este libro. Si ya sabes qué tono estás buscando (***Parte uno—Lo bueno***) y ya sabes cómo funciona tu amplificador u honestamente no te importa (***Parte tres—Lo básico***), entonces solo tienes que leer la ***Parte dos—Ajustar el tono***. Esta sección está llena de consejos prácticos e instrucciones para adaptar el tono de tu amplificador a tu estilo. Antes de leer la parte dos, no te olvides de echar un vistazo al ***Capítulo dieciséis—Conceptos básicos de seguridad***.

Introducción

Parte uno—Lo bueno

Encontrarás instrucciones que te ayudarán a definir el tono que buscas.

Parte dos—Ajustar el tono

Descripción general de los diversos ajustes tonales que puedes hacer por tu cuenta o con un técnico. Incluye instrucciones paso a paso para modificar la configuración del amplificador. Echa un vistazo al ***Capítulo dieciséis—Conceptos básicos de seguridad*** antes de hacerle cualquier modificación al amplificador.

Parte tres—Lo básico

¡Aquí no hay instrucciones! ***Lo básico*** está lleno de información fácil de leer sobre el trasfondo técnico del funcionamiento del amplificador.

Parte cuatro—Apéndices

- ***El Apéndice A—Tablas de ohmios de bocinas*** contiene seis tablas que especifican los ohmios que se deben usar al conectar dos bocinas.

- ***El Apéndice B—Tonos de tubos de potencia*** contiene dos tablas que muestran las características tonales y las sustituciones correspondientes para cada tipo de tubo de potencia.

- ***El Apéndice C—Tipos de tubo de preamplificación*** contiene dos tablas que detallan los diferentes tipos de tubos de preamplificador.

- ***El Apéndice D—Diagramas de bloque de amplificadores*** contiene dos diagramas de bloque de amplificadores: uno de uno antiguo y otro de uno típico moderno.

La Guía Amplificadores de Guitarra para Guitarristas

Parte cinco — Listas de verificación y glosarios

Para ayudarte a organizar tu búsqueda del amplificador/tono perfecto, las listas de verificación ***Elección de un amplificador*** se han diseñado para adaptarse a tus preferencias personales así como a las características individuales del amplificador. Las listas de verificación de ***Conceptos básicos de seguridad*** son esenciales cuando tocas y trabajas con el amplificador.

Encontrarás un glosario ***técnico*** y uno ***tonal*** con la descripción de los términos que muchos mencionan pero pocos entienden.

Los amplificadores conducen electricidad de alto voltaje, lo que significa mucho calor y volumen. Usaré tres símbolos a lo largo de este libro para advertirte sobre posibles peligros ante los que debes estar siempre atento:

> 💣 **ADVERTENCIA**
> Sigue estas instrucciones para evitar fundir el amplificador, electrocutarte o causar un incendio.

> 🎧 **ADVERTENCIA**
> Sigue estas instrucciones para evitar la pérdida de audición (sordera) o el tinnitus (zumbido en los oídos).

> Ω **ADVERTENCIA**
> Sigue estas instrucciones para evitar dañar la(s) bocina(s).

Finalmente, las citas al inicio de cada capítulo son de clientes y artistas que he tenido el placer de conocer durante varios años. Les pregunté por qué les gusta tocar la guitarra.

Independientemente del estilo que toques o de lo experimentado que seas, espero que este libro esclarezca algunos de los misterios que rodean a los amplificadores de guitarra y te ayude a encontrar el tono que te inspire a convertirte en el mejor músico posible.

¡Que lo disfrutes! ♪

Parte Uno

Lo bueno

1 | Un Buen Amplificador

2 | Un Buen Tono

3 | Amplificadores de Referencia

4 | Buenas Recomendaciones

Siempre tengo música en la cabeza. Puede ser cualquier cosa, desde una canción de cuna hasta Thelonious Monk, y sólo se para si agarro una guitarra y la toco. Y no sé si es amor pero... ¡TENGO QUE tocar la guitarra!

Spencer Ross

Capítulo uno

Un buen amplificador

Un amplificador de 3000 USD con una guitarra de 300 USD siempre sonará mejor que un amplificador de 300 USD con una guitarra de 3000 USD. Este concepto es difícil de entender para la mayoría de guitarristas porque, después de todo, lo que están tocando es una guitarra. Pero es cierto. Así que si tienes un presupuesto limitado, invertir en un buen amplificador de guitarra tendrá un efecto más positivo en el tono que invertir todo el dinero en una buena guitarra.

Un buen amplificador es tanto o más interactivo y resolutivo que una guitarra excelente. Si tu amplificador hace el mismo sonido independientemente de la forma en la que tocas las cuerdas, tendrás un teclado virtual, no un amplificador de guitarra.

Antes de pasar a definir lo que es un buen amplificador, permíteme mostrarte todos mis prejuicios. Creo que los amplificadores de transistores son ideales para principiantes que no pueden comprar un amplificador de tubos. Aunque he oído a maestros como B.B. King crear tonos maravillosos en un amplificador a transistores de la Serie Lab de Gibson, para mí es imposible. No soy lo bastante bueno, y tú quizás tampoco lo seas. Dicho esto, he tocado con uno o dos amplificadores de transistores bastante estimulantes que producen una sensación divertida y ligera, además de que prácticamente no necesitan mantenimiento.

Lo mismo para los amplificadores de modelado digital/computarizados. Cada vez que tengo un amplificador de modelado siento que suena y me responde como si tocara a través de una simulación robótica de la realidad y quisiera salirme de "Matrix". Sin embargo, si no puedes costearte un amplificador de guitarra auténtico, algo como GarageBand puede ser un sustituto excelente y una gran herramienta de aprendizaje.

Debo decir que prefiero los amplificadores de tubos de alta calidad (especializados o antiguos). Estos amplificadores ofrecen una calidad orgánica y una interacción que no existen en la mayoría de amplificadores de los tubos que se producen en masa. Sin embargo, te sorprendería conocer la cantidad de amplificadores baratos que tienen muchas de las características que se suelen buscar cuando queremos comprar un amplificador.

Elección de un amplificador

¿Cuáles son esas características? Aunque algunas las buscan todos los guitarristas, otras dependerán de tus necesidades específicas.

CUANDO ESTÉS PENSANDO EN COMPRAR UN AMPLIFICADOR, PREGÚNTATE LO SIGUIENTE:

- *¿Quiero usar este amplificador para obtener una gran variedad de tonos o puedo permitirme diferentes amplificadores para cada tono?*

  Si estás buscando un sonido en particular y realmente no te importa qué más haga el amplificador con tal de que produzca dicho sonido, entonces tu búsqueda no será tan complicada.

Capítulo uno | Un buen amplificador

- *¿Voy a tocar con este amplificador en un concierto? Si es así, ¿podré conectar el micrófono al amplificador con el sistema de megafonía (PA) de la banda?*

    Si vas a tocar en vivo con el amplificador o si aún no puedes permitirte una colección de amplificadores (o técnicos que los lleven a todas partes), es muy probable que no quieras tocar con un amplificador monofacético. Necesitarás uno más versátil.

    Por lo general, un amplificador que ofrezca un gran tono, independientemente de lo fantástico que sea, no te dará la versatilidad que necesitas para tocar en vivo, sobre todo si tocas en lugares diferentes. Aunque un amplificador más versátil quizás no ofrezca un tono fantástico y apabullante, la variedad de tonos que te proporcione será tu prioridad durante un concierto.

    Si puedes, coloca un micrófono en frente del amplificador más pequeño y deja que el sistema de megafonía (PA) genere el volumen adecuado para la audiencia. Entonces lo único que tiene que hacer el amplificador es crear un tono fantástico aunque no tenga mucha potencia.

    Si no puedes poner un micrófono en el amplificador, es posible que necesites uno con una potencia relativamente alta para llegar al público: uno con una perilla reguladora de potencia para que se adapte al tamaño de cada auditorio.

- *¿Cómo de fuerte suena mi baterista?*

    En lo que respecta al volumen, el amplificador tiene que estar a la par con el baterista, pero no superarle. Si el baterista toca muy fuerte o no puedes colocarle un micrófono al amplificador, entonces necesitarás un amplificador de alto vataje.

- *¿Cómo de fuerte puedo o quiero tocar en mi espacio habitual de ensayo?*

Parte Uno | Lo bueno

Ten en cuenta los oídos de todos, incluyendo los tuyos. Si no puedes o no quieres tocar muy fuerte, consíguete un amplificador de baja potencia para que puedas llevar el amplificador de potencia hacia la distorsión sin que te reviente la cabeza.

Ahora, pregúntate lo siguiente:

- *¿El amplificador está generando demasiado ruido?*

    Todos los amplificadores son algo ruidosos, pero demasiado ruido no es nada bueno.

- *¿El amplificador tiene una buena articulación de cuerda a cuerda al sonar tanto limpio como distorsionado? ¿Puedo escuchar cada cuerda individual o los acordes se convierten en un rugido distorsionado? ¿El amplificador me motiva y me da ganas de tocar?*

    La respuesta a la última pregunta puede ser opuesta a tus respuestas a las dos primeras preguntas. Un amplificador articulado no te permitirá ocultar una mala técnica ni ocultará una guitarra de mala calidad. De hecho, un buen amplificador puede hacer que al principio te dé la sensación de que tu guitarra y/o tu estilo son un desastre.

    Recuerda, nunca mejorarás tu estilo con un amplificador que suena siempre igual independientemente de cómo toques las cuerdas, y nunca obtendrás un buen tono de una guitarra con un mal tono de un amplificador. Un amplificador articulado te ayudará a trabajar en ambas situaciones.

- *¿El amplificador retumba las bajas frecuencias al ser forzado?*

    Un poco de retumbe o pedorreo está bien si lo que buscas son otros aspectos del tono del amplificador. Muchos amplificadores no reproducirán correctamente las notas bajas al ser saturados. Si

Capítulo uno | Un buen amplificador

tienes un bajista potente, no necesitas que tus bajas frecuencias estén demasiado fuertes. Por otro lado, si quieres ocupar todo el espacio sónico que te permita con tu tono, entonces querrás que el extremo de bajas frecuencias sea tan claro como sea posible.

- *¿El amplificador responde bien a los pedales?*

  Muchos amplificadores pierden su identidad cuando funcionan conectados a pedales. Si es un buen amplificador, los pedales lo mejorarán, no lo saturarán, sobre todo los pedales Boost y Overdrive.

- *¿El amplificador responde a mi toque o parece como si tocara un teclado?*

  Con configuraciones de alta ganancia a menudo obtendrás el efecto de teclado "on/off". Los buenos amplificadores de alta ganancia te darán la distorsión/saturación que deseas y se mantendrán resolutivos a tu toque.

- *¿El amplificador suena bien tanto con pastillas Humbucker como con pastillas de bobina única?*

  Algunos amplificadores suenan como si un punzón se te clavara en la cabeza cuando conectas una Telecaster, mientras que otros suenan "blandos" al usar una Les Paul. Ten en cuenta cómo afecta la(s) guitarra(s) al tono. Cuando pruebes un amplificador, trae tu(s) propia(s) guitarra(s).

- *¿Se nota algún cambio al girar los controles de tono del amplificadore?*

  No sé por qué, pero hay demasiados fabricantes que parecen no haber resuelto este asunto.

- *¿El amplificador zumba demasiado al distorsionarse?*

  Cuando tocas una nota o un acorde, ¿escuchas un zumbido, vibración o siseo junto a la nota o al acorde? Si es así, estarás lidiando bastante con ese problema cuando te decidas a grabar.

- *¿Los tubos de potencia están autopolarizados (polarizados por cátodo) o son de polarización fija? Si los tubos de potencia son de polarización fija, ¿el amplificador ofrece una función de polarización externa para que pueda medir y modificar la polarización sin tener que desarmar el amplificador?*

Los tubos de potencia se gastan. Si tu amplificador está polarizado por cátodo (es decir, autopolarizado) o no ofrece una función de polarizado externo, no podrás cambiar de tubos viejos a no ser que lo lleves al técnico. Estarás visitándolo con más frecuencia de la deseada, o aprendiendo a vivir con tubos de potencia gastados y/o mal polarizados.

Los amplificadores autopolarizados ajustan la polarización de los tubos nuevos de forma automática, mientras que las funciones externas de polarización te permiten ajustar fácilmente la polarización desde el panel posterior. El hecho de poder ajustar la polarización abre un mundo nuevo de modificaciones al tono del amplificador y te permite controlar que se encuentre en buenas condiciones.

Aunque no lo creas, existen algunos amplificadores de polarización fija que no ofrecen ningún tipo de ajuste de polarización externo o interno. No poder ajustar la polarización es simplemente inaceptable, a mí nunca se me ocurriría comprar un amplificador de este tipo a menos que sea una joya clásica para luego agregarle un ajuste de polarización.

Capítulo uno | Un buen amplificador

Las razones equivocadas

En estos años me he dado cuenta de que hay una serie de motivos autodestructivos que parecen influir en las decisiones de la gente a la hora de comprar un amplificador. Si se te mete en la cabeza alguna de estas ideas, sal de la tienda y no regreses hasta que se te pase.

A mis amigos y/o a los del foro de noticias les gusta mucho.

¡Por favor! ¡Toma tus propias decisiones sobre qué te servirá a ti, eres tú el que va a tocar con él!

Me gusta el color.

El color tólex o el color oxidado son más importantes para algunos guitarristas de lo que podrías imaginar.

Estoy deseando comprar el amplificador que realmente quiero pero no puedo costeármelo, así que por ahora voy a comprarme éste.

Alto ahí. Sólo estarás alentando a los fabricantes de amplificadores a que produzcan más chatarra que, tarde o temprano, terminará en el basurero. Por favor, si para ti tocar la guitarra es algo serio, ahorra y compra el amplificador que te permita lucirte. Más adelante, si decides pasar a otro amplificador o si decides dejar de tocar del todo, te será mucho más fácil vender un buen amplificador en eBay o The Gear Page que deshacerte de un trasto en otra parte.

Vi uno en mi video favorito en MTV.

¿Aún hay videos en MTV? Si es así, no podrás identificar lo que usó el guitarrista para grabar esa canción sólo viendo el video. Usa la cabeza por un momento, ya que el publicista que puso ese amplificador en el video espera que no lo hagas.

Digamos que eres un rockero famoso y usas un amplificador Trainwreck que vale unos 10000 USD. ¿En serio vas a traerlo a la filmación y dejar que las bailarinas le lancen espuma de afeitar?

Están de rebajas en la tienda de guitarras.

La tienda de guitarras (al igual que el concesionario de autos) es uno de sitios donde aún puedes regatear; a mí no me gusta hacerlo, pero casi siempre puedes obtener un descuento del 10%, o incluso más, si insistes.

El amplificador tiene incorporado el efecto "whiz-bang" más reciente.

Recuerda que este es un amplificador de guitarra, no un artefacto de cocina. Si quieres efectos, compra unos buenos pedales. Muchos amplificadores malos tratan de ocultar su tono deficiente con todo tipo de efectos. Un amplificador primero tiene que sonar bien, sin ningún tipo de efectos.

El amplificador tiene 15000 W, debe ser mejor que uno de 15 W.

La verdad es que, a menos que toques siempre totalmente en "limpio" o seas una verdadera estrella de rock tocando en estadios, nunca necesitarás más de 20 ó 30 W.

Tiene tubos, debe ser bueno.

A mí también me gustan los tubos, pero he visto bastantes amplificadores que tienen un tubo de adorno —en serio, el tubo ni siquiera está conectado a la circuitería del amplificador—. Muchos amplificadores, a pesar de tener una circuitería totalmente elaborada con tubos, ni siquiera suenan bien.

El amplificador lo ha hecho/modificado el genio que hace/modifica todos los amplificadores que toca Dios.

Si el amplificador no suena bien PARA TI, entonces no importa si suena bien para alguien más. Eso, señoras y señores, es lo más importante. ♪

Porque me pone en estado de sat-chit-ananda*.

Viphea Mam

* «Sat» significa 'ser'; «Chit» significa 'conciencia'; «Ananda» significa 'éxtasis' o 'gozo'; del libro «El poder del mito», de Joseph Campbell.

Capítulo dos

Buen tono

Es muy difícil describir lo que es un buen tono. Es igual de difícil que describir un mal tono. En el **_Glosario B—Tonales_** hemos definido algunas frases típicas para intentar explicarlos.

Algunos de mis adjetivos favoritos para un buen tono son: *líquido*, *crujiente*, *articulado* y *nítido*. Mis adjetivos favoritos para los tonos malos son: *áspero*, *nido de avispas*, *punzón en la frente/tímpano* y, por supuesto, el eminentemente descriptivo *apaga ese adefesio*.

Con estas frases tan descriptivas en mente, saber de tonos es un talento que se desarrolla con experiencia y con el intercambio de impresiones con otros guitarristas. Cuando digo algo así como: «Suena como una pastilla de una sola bobina a través de un Marshall antiguo en crujiente», la frase te dirá mucho hasta que escuches todas las variaciones de este tono básico.

Para hacerte una idea de lo que es un buen tono, hay que escuchar a otros guitarristas. No te estoy recomendando que toques versiones hasta el fin de tus días, pero debes expandir tus miras más allá de lo que sueles escuchar en el auto.

Parte Uno | Lo bueno

Cuando encuentres un tono que te parezca atractivo, intenta investigar para saber qué equipos usa(n) el(los) artista(s). Los guitarristas de death metal pueden aprender mucho del tono de Eric Johnson y de la forma en la que obtiene esos magníficos tonos limpios. Los guitarristas de blues pueden aprender bastante de Joe Satriani y de su forma de usar el sustain para tocar esas líneas tan fluidas.

Lo que nos remite a una pregunta que a todos los fabricantes de amplificadores les hacen en algún momento: «¿Obtendré un sonido como el de Jimmy Page con este amplificador?». Lo siento, ¡no lo sabemos! Sólo tú conseguirás obtener un sonido como el de Page…con la práctica. Sin duda, un buen equipo te ayudará, pero también tienes que sudar la camiseta.

Artistas como Robben Ford, Carlos Santana y B.B. King suenan casi igual independientemente del equipo que usen, prueba evidente de que una parte importantísima de un buen tono está en tus manos. Los guitarristas con talento obtendrán sustain de un amplificador que no genera mucho sustain, o suavizarán un amplificador demasiado metálico simplemente cambiando el toque con la uña o el punteo con los dedos. Esto no quiere decir que un buen amplificador no ayudará a un músico mediocre, sin duda lo hará. Lo que quiero decir es que un gran guitarrista puede superar siempre a un amplificador mediocre.

Para mí, el objetivo de un buen tono es conectar con la audiencia. La música es un intercambio de energía entre músicos y público. Tienes que preguntarte:

¿Siente el público la emoción y el sentimiento que trato de expresar?

A veces es muy difícil responder a esta pregunta porque puede que el tono que te emociona a ti no tenga el mismo efecto en el público. Recuerda, a menos que seas muy afortunado y tengas una legión de fanáticos que quieren ver tu fantástica técnica, la gente que quiere verte en el club, descargar tu video y comprar tu álbum QUIERE ESCUCHAR CANCIONES. Tienes que conectar con ellos y hacer que deseen tu música.

CAPÍTULO DOS | Buen tono

Trata de grabarte a ti mismo

Grabarte a ti mismo es una técnica realmente útil para ayudarte a determinar si el tono está saliendo como tú crees. Quizás te parezca que tu tono suena extraño en una grabación, lo mismo que le ocurre a mucha gente cuando escucha su propia voz grabada.

Un buen ejemplo del sonido de tu tono frente al de los demás es AC/DC. Muchos guitarristas creen que Malcolm Young, guitarrista rítmico, está bastante distorsionado. Por ende, los guitarristas que quieren sonar como AC/DC siempre se conectarán al canal dos de sus amplificadores.

En verdad, Malcolm apenas pasó el umbral de distorsión en el área crujiente de su amplificador —el volumen no general del Marshall pasará de limpio a crujiente y a ligeramente distorsionado a medida que lo vas subiendo—. La guitarra de Malcolm también tiene pastillas de bobina única que suenan particularmente rugosas.

El tono de Malcolm es muy atractivo, pero no demasiado distorsionado. Angus Young, el guitarrista líder y hermano de Malcolm, tiene un tono más suave porque cuenta con pastillas Humbucker más potentes y suaves en la guitarra, tubos de potencia más potentes (EL34 vs. KT66) en el amplificador y un volumen más elevado que el de Malcolm. Aún así, Angus no suena tan distorsionado o comprimido como el canal dos en la mayoría de los amplificadores.

Otro factor que contribuye al tono de AC/DC es la copia de Angus de la guitarra rítmica de Malcolm: dos guitarras juntas suenan más distorsionadas que una sola.

Muchos guitarristas se dan cuenta rápido de que tocar con un amplificador muy distorsionado o de sonido hueco es más fácil que tocar con un amplificador levemente distorsionado, crujiente o limpio. Un amplificador muy distorsionado oculta un estilo deficiente en muchas formas.

Por otro lado, conectar una guitarra de bobina única a un amplificador sin volumen general puesto a "crujiente" puede hacer que te sientas totalmente desnudo. No te puedes ocultar, el público oye todo lo que haces.

Esta situación de alta adrenalina es exactamente lo que hace a un tono atractivo y lo que realmente te permite comulgar con tu público. Si das lo mejor de ti en el escenario, tienes un tono perfecto y un estilo que apoya a la canción (y no a tu ego), entonces la experiencia puede ser igual de inspiradora tanto para ti como para el público.

Un buen experimento es grabarte tocando una canción solo y luego con tu banda.

Pregúntate lo siguiente sobre tus grabaciones:

- *¿Dónde está la guitarra en la mezcla?*
- *¿Estás aplastando al bajista con tus acordes de quintas (power chords)?*
- *¿Evita tu pared de distorsión que se escuche al guitarrista líder en la mezcla?*
- *¿Es el sonido de tu guitarra tan agudo —ya sea por los ajustes de control de tono o armónicos altos generados por el exceso de distorsión— que estás compitiendo con el cantante?*

Recuerda que la cantidad de distorsión percibida por el público puede ser muy distinta a la que percibes tú. A menudo, subir la ganancia —o el volumen en un amplificador sin volumen general— no parece mala idea. Pero estarías perdiendo bastantes dinámicas y otros matices que se obtienen con la ganancia un poco baja.

CAPÍTULO DOS | Buen tono

Tocar solo vs. tocar con una banda

Cuando se toca con una banda, la guitarra no tiene que llenar tanto espacio sónico como cuando se toca solo. Obtener un sonido completo cuando se toca solo es fácil de lograr subiendo la ganancia máximo, pero cuando se toca con una banda *sólo necesitas llenar el espacio que no ocupan los demás instrumentos.*

Aunque los dos primeros álbumes de Van Halen son de mis favoritos, suenan como si los productores estuvieran permitiéndole a Eddie Van Halen ocupar todo el espectro sónico: lo ocupó tanto que a menudo cuesta oír el bajo.

Por supuesto, en el caso del señor Van Halen, entiendo completamente por qué se le da preferencia a su guitarra. La decisión sobre dónde colocar la guitarra en dicha mezcla fue muy consciente. También tienes que ser muy consciente del lugar en el que se ubicará tu tono en la mezcla de sonido de la banda.

Aumento de rango medio

Al igual que tu tono general, las frecuencias individuales que debes acentuar cuando tocas con la banda son distintas de las que te suenan bien cuando tocas solo. Cuando estás en una banda tienes que sobresalir para que la audiencia te oiga y al mismo tiempo no ocupar partes del espectro que le pertenecen a los demás instrumentos.

Por ello, muchos guitarristas quieren un aumento de rango medio en sus amplificadores. De hecho, muchos profesionales modifican sus amplificadores para obtener una mayor respuesta en las frecuencias medias.

Muchos metaleros disfrutan de la configuración 10-0-10 en bajos-medios-agudos, también conocida como la configuración "dimebag" —subiendo al máximo los graves y agudos y bajando al mínimo los medios—, que consideran fácil y atractiva. Pero tener la habilidad de elevar tu rango medio te ayudará a mostrar tu presencia en la banda cuando más la necesites.

PARTE UNO | Lo bueno

Buenos tonos limpios

Todo guitarrista puede desarrollar tonos limpios.

"Limpio" no significa conectar la guitarra a un estéreo, que suelen ser los tonos limpios modernos que suelo oír.

Los grupos de metal a menudo presentan buenos ejemplos que muestran dónde se deben mejorar los sonidos limpios. Muchas canciones de metal alternan entre un tono limpio —probablemente el canal uno— y un tono metálico muy distorsionado y subido en los medios —probablemente en el canal dos, o quizás tres o cuatro—. Tocar con el sonido limpio del canal uno suele ser soso, anémico y muy aburrido.

Obtener un buen tono limpio es con frecuencia más difícil de lo que los fabricantes quieren que creas.

Limpio y recortado

Los dos extremos opuestos de la respuesta de un amplificador son limpio absoluto y recortado (consulta el ***Capítulo catorce— Principios básicos de distorsión***).

"Limpio absoluto" es como conectar la guitarra al estéreo o directamente a una consola de sonido: el sonido es débil y poco interesante. Un buen tono limpio es cuando el amplificador está técnicamente distorsionando, agregando armónicos, no exactamente reproduciendo la señal de la guitarra —pero de ningún modo recortándolo—. Un buen sonido limpio es completo, atractivo, equilibrado y claro.

Un recorte absoluto es como un pedal Fuzz con esteroides: el tono es idéntico independientemente de la técnica, guitarra, tubos o cualquier otro accesorio que tengas.

El desafío siempre ha sido crear un circuito que sea imperfecto de manera que la nota sea completa, pero que no se haya diseñado específicamente para recortar como un circuito de canal principal.

Capítulo dos | Buen tono

Afortunadamente, los circuitos que se usan en amplificadores antiguos o cumplen totalmente con este requisito o proporcionan un buen punto de partida.

Un buen amplificador responde a tu toque, que es la expresión de tus emociones y de tu personalidad. Obtener un sonido limpio desde el inicio te dará una plataforma sólida para crear a partir de ella.

> 🎧 **ADVERTENCIA**
> Usa siempre tapones para los oídos cuando toques la guitarra con el amplificador a volúmenes altos.

Tonos limpios, gruesos y modernos—Experimento uno

Prueba con este experimento:

1. Sube el volumen general al máximo usando el canal uno (sí, ya sé que va a sonar fuertísimo, coloca el amplificador en un armario si hace falta).
2. Gira la perilla de ganancia elevándola hasta que el amplificador empiece a distorsionar.
3. Juega un poco con este ajuste, limpiando el tono al bajar el volumen de la guitarra con la perilla de volumen.

Muchos de los amplificadores que he encontrado no distorsionarán en el canal uno: aunque suenen más fuerte a medida que subas el volumen de la guitarra con la perilla de volumen, aún serán anémicos y sin carácter. Otros amplificadores parecen que retumban al forzarlos en el canal uno, lo cual es por cierto parte del origen del peor epíteto que se pueda decir sobre un tono: suena hasta el culo—una buena descripción que permite a la mente contemplar lo malo que es dicho sonido.

Sonido limpio grueso antiguo—Experimento dos

Para este experimento necesitarás un segundo amplificador de un canal y baja potencia, con un buen sonido limpio al forzarlo. Un amplificador combo simple de 20 W a 30 W con una bocina decente de 12 plg y unos buenos tubos es una plataforma fantástica desde la cual se pueden descubrir muy buenos tonos limpios gruesos del tipo clásico o antiguo.

PARA LIMPIOS GRUESOS ANTIGUOS:

1. Dale al máximo a tu amplificador —usa tapones para los oídos— y fíjate en el sonido y en la sensación que te produce.
2. Ajusta la perilla de volumen de la guitarra para pasar de sonido limpio a crujiente.
3. Cambia entre tu amplificador pequeño y tu monstruo metálico usando una caja A/B/Y una vez tengas el combo más pequeño bajo control y seas capaz de obtener sonidos interesantes de éste.

Esta configuración también te permitirá elegir las bocinas para cada amplificador sin descuidar ambos sonidos.

Limpio y distorsionado — Experimento tres

Tocar con un amplificador en limpio y con uno muy distorsionado a la vez también es una técnica tonal muy interesante: *Frampton Comes Alive* —álbum de 1976 Peter Frampton, doble y en vivo, con el que perdieron la virginidad todos los adolescentes de la época— es un sonido limpio clásico junto a uno sucio y distorsionado.

El amplificador limpio en dicho álbum es en realidad un amplificador Roland Jazz Chorus a transistores: uno de los mejores amplificadores a transistores jamás fabricados. Creo que el distorsionado es un Marshall sin volumen general de 100 W.

CAPÍTULO DOS | Buen tono

Aerosmith comenzó a usar la configuración multiamplificador más o menos en la misma época que Peter Frampton —mediados de los setenta—, y es muy buena para ambos artistas. El combinar tonos diferentes de amplificador puede llenar tu sonido y ser muy atractivo para el público.

Buenos tonos sucios

Los buenos tonos sucios pueden estar en cualquier parte, desde apenas crujiente e impactante hasta súper chillón con un sustain infinito. Aunque sin duda es más fácil tocar con un amplificador con máxima distorsión, quizás este tono no funciona bien con todas tus canciones.

Si puedes obtener varios tonos sucios distintos en tu configuración consequirás una sana variedad en tonos.

COMO MÍNIMO DEBES SER CAPAZ DE OBTENER LOS SIGUIENTES TONOS DE TU EQUIPO:

- *Apenas distorsionado*: tono limpio con algo de suciedad, de manera que cuando toques duro con el amplificador éste te ladre, pero también se aleje cuando tú te alejes. Los artistas de blues como el gran Muddy Waters son buenos ejemplos de este tono apenas distorsionado.

- *Crujiente*: el amplificador suena rasgado y no es nada suave. El tono debe ser muy rugoso en los bordes, con mucha pegada. Por ejemplo: el tono rítmico de ZZ Top, AC/DC y Jack White.

- *Sustain cantado*: has forzado el amplificador más allá de crujiente, donde se suaviza y entrega un sustain perfectamente resolutivo que se limpia cuando retiras el toque. Algunos buenos ejemplos son Jeff Beck, Eric Johnson y los dos primeros discos de Van Halen.

- *Grito distorsionado*: el amplificador y posiblemente también los pedales están ardiendo. Escucha a Joe Satriani y su sustain brutal.

Esforzarte conscientemente para obtener una variedad de tonos sucios mediante ensayos con la respuesta de tu amplificador a diferentes niveles de ganancia mejorará tu tono y te ayudará a convertirte en un guitarrista más interesante y expresivo.

Unas palabras sobre el ruido eléctrico o "hum"

No, el ruido eléctrico ("hum") no es una parte íntegra del tono del amplificador. Aunque los amplificadores antiguos tienden a producir mucho ruido eléctrico, no suenan bien debido a este motivo. Veamos de dónde proviene este ruido eléctrico.

Ruido eléctrico de fuente de alimentación

Con las fuentes de alimentación tradicionales, la cantidad de ruido eléctrico está directamente relacionada con lo grandes que sean los condensadores de filtro —medidos en microfaradios [µF]: entre más grandes los condensadores, menos ruido eléctrico producirá el amplificador—. El problema es que cuanto más grande es el condensador de filtro, más nitidez (o menos opacidad) tendrá el amplificador. Así que con fuentes de alimentación tradicionales no podrás tener un amplificador silencioso y opaco (saggy) al mismo tiempo.

Hasta la fecha, existen dos soluciones para deshacerse de este ruido: una es el Maven Peal Sag Circuit, que elimina por completo el ruido eléctrico de la fuente de alimentación.

La otra solución es aumentar el tamaño de los condensadores de filtro y luego usar un tubo rectificador para aumentar la opacidad (también conocida como sag). El ruido eléctrico no desaparecerá por completo, pero no será tan molesto.

Ruido eléctrico del calentador

A las fuentes de alimentación de calentador a tubo de vacío se les conoce por diseminar un ruido eléctrico dentro de un amplificador. Una solución sensata es que el técnico te instale un circuito de cancelación de ruido eléctrico en la fuente de calefacción.

Una solución más drástica sería que el técnico use los calentadores de tubos con corriente continua en lugar de corriente alterna. Este enfoque es efectivo y se usa en tubos de preamplificación de algunos amplificadores de alta ganancia producidos a gran escala. Usar CC en tubos de preamplificador y amplificador de potencia es raro pero es el método más efectivo para eliminar esta fuente de ruido eléctrico.

Otras formas de ruido interno

Los transformadores son una fuente de ruido eléctrico que se mete en los circuitos si el fabricante no tiene cuidado. Puede que hayas experimentado este tipo de ruido eléctrico cuando te has acercado demasiado al amplificador con la guitarra. Las pastillas "atrapan" el ruido eléctrico del transformador y lo amplifican sin problema.

- Otros componentes electrónicos tales como resistencias, condensadores, inductores, tubos y transistores generan sus propios ruidos internos. Los buenos componentes generan menos ruido, pero ningún componente es totalmente silencioso.

- Si el amplificador no está hecho con protectores de tubo de preamplificador o si los protectores de tubo no están conectados bien a tierra (un problema bastante común), el ruido eléctrico puede entrar directamente a los tubos y amplificarse.

- Los transformadores en otros equipos también pueden ser un problema. Por ejemplo, si estás muy cerca a una torre de transmisión, las ondas de radio

PARTE UNO | Lo bueno

pueden causar ruido eléctrico y otros tipos de ruidos no deseados.

- Las luces fluorescentes también son una fuente importante de ruido eléctrico.

Siseo de alta ganancia

La cantidad de ganancia producida por algunos amplificadores de alta ganancia puede ser de más de un millón (ver el ***Capítulo trece—Principios básicos de amplificador***). Hasta el ruido más pequeño se amplifica hasta que se escucha con claridad, y por su diseño estos amplificadores no ofrecen una forma de eliminar todo el ruido —debido a la alta multiplicación de los niveles de señal—. Así que si buscas alta ganancia, prepárate para vivir con ruido de alta frecuencia. ♪

En 1965, tenía 15 años y estaba ahorrando para comprarme una batería. Un día vi a los Yardbirds en TV y ahí estaba Jeff Beck blandiendo su Fender Esquire y tocando el riff de "Heart Full of Soul". Ahí empezó todo. Me enganché. Me compré mi primera guitarra con el dinero que tenía. Jeff Beck aún me deja boquiabierto. Tengo una Stratocaster y juro que hay notas que Jeff saca de su guitarra que no están en la mía. ¿No hay una opción para mí? Todavía estoy tratando de encontrar las notas.

Rob Albertuzzi

Capítulo tres

Amplificadores de referencia

Los músicos usan ciertos amplificadores como punto de referencia tonal para definir varios tonos. Conocer estos amplificadores y saber cómo suenan te ayudará a entender mejor de qué diablos hablan.

Fender Tweed antiguos

Aunque los Fender Tweed no fueron los primeros ni los únicos amplificadores disponibles en los años cincuenta, en realidad definieron los inicios del rock y del blues electrificado.

EN GENERAL, LOS TWEED:

- Son más pequeños en tamaño (todos son combos).
- Vienen con una gran variedad de bocinas (modelos de 8 plg, 10 plg, 12 plg y 15 plg).

Parte Uno | Lo bueno

- Usan tubos de salida 6V6 ó 6L6.
- Ofrecen muy pocas funciones.
- Brindan una potencia relativamente baja y un tono muy bueno.

Los Tweed iniciales son bastante fáciles de poner en overdrive sólo con la guitarra. Son salvajes y rasposos a punto de quebrarse, pero sorprendentemente suaves cuando se les fuerza un poco más.

Los amplificadores Fender en general—y en particular los Tweed más antiguos—no ofrecen nada que se acerque a lo que hoy podemos llamar una respuesta nítida de bajos. De hecho, pueden sonar bastante opacos en las bajas frecuencias cuando se llevan realmente al overdrive.

Esta falta de bajos hay que tomarla por el lado amable. Si estos amplificadores tuvieran mucho bajo, su tono distorsionado no sería para nada agradable, más bien sonarían demasiado graves y pedorreros.

Como no estaba presente, es posible que me equivoque, pero no creo que el señor Fender haya planeado originalmente ninguna de las características anteriores (excepto, quizás la falta de bajos, una verdadera característica de Fender). Aún así, estos amplificadores definen literalmente lo que significa un buen tono para toda la industria.

El gruñido sucio del blues de Muddy Waters y John Lee Hooker no hubiera sido el mismo sin los primeros Fender Tweed. La música country, pantanosa y de la vieja escuela también se vio muy influenciada por el tono de estos amplificadores. Los músicos posteriores los usarían al tratar de obtener un tono blusero auténtico, como los primeros discos de Led Zeppelin y el primer LP de Aerosmith, una verdadera mezcla homogénea de tonos de amplificadores antiguos. Los Tweed son famosos por crear ese potente tono "a punto de explotar" al estilo de Neil Young.

Capítulo tres | Amplificadores de referencia

Ahora Fender hace una reedición Tweed Deluxe. Deberías ir a una tienda de guitarras y probar uno de estos amplificadores en una sala insonorizada para amplificadores. Sólo con controles de volumen y tono, grita de una forma muy natural, terrenal e increíblemente atractiva.

No estoy diciendo que los Tweed reeditados sean lo mismo que los Tweed antiguos, definitivamente no lo son, pero son bastante semejantes para disfrutarlos.

Fender Tweed posteriores

Los Fender Tweed más actuales, particularmente el 1959 Bassman y el Tweed Twin, mejoraron el nivel de los amplificadores de guitarra a uno más refinado, contundente pero a la vez resolutivo. Estos dos amplificadores son tan fundamentales en el desarrollo de amplificadores de guitarra que la mayoría de ellos tienen circuitos que se remontan directamente a los de estos clásicos. Las reediciones decentes de estos dos amplificadores están disponibles y vale la pena probarlas.

El 1959 Bassman se usó como modelo —yo diría, más bien, una copia directa con excepción de tubos ingleses, bocinas inglesas y transformadores tipo estéreo— para los primeros amplificadores Marshall, mientras que los amplificadores Marshall posteriores solo variarían ligeramente.

De hecho, todo el éxito de Marshall ejemplifica el impacto que los tubos, transformadores y audífonos pueden tener en el tono del amplificador. Hablaremos más de esto en la **Parte dos—Ajuste de tu tono**.

Los Fender Tweed más actuales tienen un poco más de ganancia que los Tweed iniciales, así que puedes llevarlos aún más al overdrive, pero se mantienen aún suaves y no suenan de forma tan salvaje como sus parientes antiguos. Estos Tweed tienen controles de bajos, medios, agudos y presencia, así como entradas dobles de sonidos diversos que se pueden puentear juntos (se pueden conectar en ambas entradas a la vez).

Todas estas funciones representan una asombrosa variedad de tonos disponibles, formidables para todo: desde country hasta blues, rock y jazz.

Blackface Fender

Después de los Tweed, Fender creó los amplificadores de tólex marrón y blanco (o rubio) de corta vida. Ambas series transicionales de amplificadores tenían una circuitería única que se volvía más y más compleja comparada con la de los amplificadores Tweed. La circuitería de trémolo en los amplificadores rubios es particularmente compleja tanto en estructura como en tono.

En 1964, Fender presentó una vez más una nueva serie de amplificadores con nueva circuitería y empezó a usar Tólex negro y un panel frontal negro (o fachada). Los Blackface Fender han sido clásicos desde entonces, y Fender está reeditando ahora algunos modelos.

Los Blackface incluyen reverb, trémolo —incorrectamente denominado vibrato— y un sonido bastante mejorado. Comparados con los Tweed, los Blackface son limpios, muy brillantes y contundentes. Los modelos de alta potencia, tales como el Twin Reverb, son imposibles de quebrar sólo con la guitarra a menos que el volumen sea absolutamente ensordecedor, en cuyo momento se quebrará con un tono grueso y a la vez brillante que aún es un poco hueco en los bajos, pero no queda mal.

Los Blackface Fender son el estándar virtual para el country, jazz y reggae, pero también se usan mucho en rock clásico y blues. El amplificador Deluxe Reverb de más baja potencia se usa mucho en bandas como Phish, Creed y la de Ted Nugent. El Super

CAPÍTULO TRES | Amplificadores de referencia

Reverb, por ejemplo, lo usó y lo usa Stevie Ray Vaughan y Derek Trucks con mucho éxito gracias a su sonido grueso y sucio.

Una de las diferencias en circuitos entre los Blackface y Tweed es que los Blackface usaban un tubo 12AT7 para el inversor de fase, pero los Tweed usaban un 12AX7. El circuito inversor de fase así como el tubo inversor de fase 12AT7 se combinan para producir un overdrive más nítido que los diversos inversores de fase usados en los amplificadores Tweed.

Aunque puedes probar colocando un 12AX7 en la posición de un inversor de fase de Blackface, no lo recomiendo. En realidad, el circuito se ha diseñado para el 12AT7. En un Tweed, el 12AT7 en esta posición le da al amplificador un sonido más limpio.

Los amplificadores Silverface Fender posteriores como el Deluxe Reverb son o exactamente iguales al Blackface o muy parecidos. Si tienes un Silverface que no es exactamente igual a un Blackface (como el Twin Reverb), el técnico te puede convertir la circuitería a una tipo Blackface muy fácilmente.

Amplificadores Marshall sin volumen general de 100 W y 50 W

De fines de los '60 a inicios de los '70

La circuitería de los primeros Marshall fue copia casi exacta del 1959 Fender Tweed Bassman, con la excepción de que Marshall usaba tubos de potencia ingleses (KT66), bocinas Celestion inglesas y transformadores tipo estéreo con una respuesta de graves significativamente mayor. Los Marshall de fines de los sesenta e inicios de los setenta, conocidos también como Plexi debido a su panel frontal de Plexiglas, eran variaciones del Marshall inicial.

Parte Uno | Lo bueno

Con los Plexis, los cambios importantes incluyen tubos de salida EL34 y un par de ajustes para más medios y más extremos agudos. Los EL34 ofrecen mucha más ganancia y una respuesta de frecuencia más amplia (más altos y bajos) que los 6L6 de Fender. Los Marshall iniciales usaban KT66, que producen un tono más próximo al del 6L6 pero con un cierto toque del carácter del El34.

Junto con una mayor ganancia, los EL34 también ofrecen una respuesta de frecuencia mucho más pareja, con más bajos y agudos que la respuesta empinada de medios de los tubos iniciales (6L6 y KT66). Las características de ruptura y distorsión de los EL34 también son bastante distintas a las de los tubos más antiguos. Los EL34 producen un sonido más enfocado que puede variar desde crujiente a cremoso, dependiendo de lo que los fuerces.

Los amplificadores Plexi también introdujeron cambios en la reproducción de sonido de las bocinas —generalmente atribuidos a Jimi Hendrix y a su técnico—, que se incorporaron a los amplificadores de producción masiva de Marshall. Las modificaciones incluyeron un incremento pronunciado en el rango medio superior así como un mayor realce en los agudos de canal de sonido brillante ("Bright Channel") en comparación con los del canal de sonido brillante de Fender. La frecuencia central del control de medios en el Plexi también se modificó para que fuera un poco más elevada.

Los amplificadores Marshall pueden tener un sonido limpio excelente, como el de Stevie Ray Vaughan, pero la inconsistencia en los amplificadores de producción significa que tienes que esforzarte en buscar uno con estos sonidos limpios excelentes.

Además, dependiendo del amplificador que quieras tener, los Marshall de fines de los sesenta e inicios de los setenta también pueden ser muy quebradizos e intensos en las altas frecuencias extremas. Se culpa mucho de esto a los EL34, pero yo creo que tiene que ver con los componentes que se usaron para fabricar los amplificadores, que a menudo cambiaban en base a lo que

Capítulo tres | Amplificadores de referencia

estaba en inventario en ese momento. Si tu Marshall antiguo es demasiado "brillante", dile al técnico que le eche un vistazo para asegurarte de que las partes importantes estén en su lugar.

Cabezales y gabinetes

Otra característica importante de los amplificadores Marshall es el uso de gabinetes separados para el amplificador (también conocidos como cabezas) y las bocinas. El gabinete de la bocina incluye cuatro bocinas de 12 plg y está sellado en la parte trasera (gabinete de parte trasera cerrada) como un gabinete de estéreo.

Esta configuración presenta un austero contraste tonal con la de Fender, que generalmente tiene el amplificador y las bocinas en un solo gabinete (gabinete con parte posterior abierta) denominado "combo". Fender había experimentado previamente con un gabinete de parte trasera cerrada y una cabeza separada en algunos de los amplificadores tólex rubios/blancos, especialmente en el Showman, pero los "combos" siguen siendo los pilares de Fender.

Usar un gabinete cerrado cambiaba bastante el tono del amplificador Marshall. Aunque los amplificadores abiertos tienden a sonar ligeros y aireados, llenando los espacios tanto frontal como posterior del amplificador, los gabinetes cerrados suenan muy fuerte, con una respuesta nítida de bajos. La proyección frontal estrecha tipo "láser" (ensordeciendo a los espectadores de las primeras dos filas) hace que sea muy difícil (incluso para los guitarristas con pérdida de audición) mantenerse en un mismo salón con un amplificador de 100 W tocando de forma totalmente abierta a través de uno o dos gabinetes de 4 x 12. Por otro lado, es una experiencia casi mística, así que hazlo si tienes la oportunidad—y un par de tapones para los oídos.

En un principio, Marshall creó gabinetes de bocinas personalizados para Pete Townshend, guitarrista de The Who, quien quería conectar con su audiencia de forma más eficiente.

PARTE UNO | Lo bueno

En la antigüedad había pocos o ningún sistema de megafonía en los salones, así que las bandas tenían que crear por su cuenta el volumen necesario para sus presentaciones.

Desafortunadamente, los músicos se han acostumbrado tanto a ver la cabeza de 100 W con uno o más gabinetes de 4 x 12 que pensaron, de forma errónea, que los sótanos de las casas de sus padres podrían ser lugares adecuados para liberar a estas fieras. Quiero disculparme con cualquier miembro de banda rock que haya tenido que soportar la masacre sónica de su guitarrista. Yo también he pecado con este comportamiento decididamente antisocial (¡pero qué bien lo pasé!)

El sonido Marshall, que tiene prácticamente la misma circuitería que un 1959 Fender Bassman, es uno de los progresos más importantes en tonos de amplificadores de guitarra (y una vez más, como con el Fender Tweed, los fabricantes parecen haber tenido suerte usando los componentes disponibles en esa época).

En su mayoría, los Marshall no se opacan al forzarse, incluso cuando se les fuerza brutalmente. Pero, en manos adecuadas, los Marshall pueden generar una distorsión "tipo violín" increíblemente cremosa, al estilo de Eric Johnson.

Vox AC30

El Vox AC30 es el amplificador principal de los Beatles, Tom Petty, Queen y U2. El tono es tan único como su circuitería, tubos y bocinas.

El AC30 puede ser limpio con altos "campaneantes" ("chimey") muy pronunciados. Cuando se fuerza, este crío puede ser una sólida máquina rocanrolera y para nada opaca. El AC30 usa el tubo EL84, que es, sin lugar a dudas, diferente a los tubos de potencia que se usan en amplificadores Fender y Marshall.

CAPÍTULO TRES | Amplificadores de referencia

Los EL84 tienen la ganancia más alta de cualquier tubo de potencia, una respuesta de frecuencia amplia y balanceada y un extremo alto que suena campaneante, pero no te da aquel agudo tipo "punzón en la frente" que te da un Marshall.

El gabinete contiene el amplificador y dos bocinas de 12 plg en una configuración combo de parte posterior abierta. Las bocinas que usa son las Celestion Blue de muy vieja escuela —creo que se desarrollaron en los años cuarenta—, aunque a veces usaron las Celestion Silver.

Probar un AC30 es sin duda una experiencia divertida, vale la pena. Asegúrate de que el amplificador tenga bocinas Celestion Blue previamente ablondadas, si no ni te molestes—una Blue nueva puede emitir un sonido perforante.

Dumble y Mesa Boogie iniciales

Alexander Dumble de Dumble Amplification y Randall Smith de Mesa/Boogie parecieron haber descubierto una forma fantastica de hacer que un amplificador le dé duro al rock —o haga el "boogie", como se le decía hace mucho tiempo— en algún momento entre fines de los sesenta e inicios de los setenta.

En lugar de tener que subir el volumen de todo el amplificador para obtener el overdrive/distorsión que buscaban los músicos, estos señores agregaron más tubos de preamplificación y añadieron un segundo control de volumen entre el preamplificador y el amplificador de potencia. Este diseño permite a los guitarristas distorsionar mucho el preamplificador a la vez que se mantiene bajo el volumen general.

Fue entonces cuando nació el amplificador de volumen general.

Los amplificadores Laney fabricados en Inglaterra, usados por Black Sabbath, ofrecieron una etapa de ganancia extra mediante su circuito KLIPP durante aproximadamente el mismo periodo.

Estos amplificadores fueron una variación de los Marshall de 100 W de la época.

Tanto Dumble como Mesa basaron sus amplificadores en el Fender Blackface. Dumble y Mesa, aunque similares a Fender, tienen un tono suave y sostenido que ha atraído a los guitarristas de jazz. Carlos Santana ha estado tocando con Mesa desde los setenta, y su tono emblemático es un gran ejemplo de cómo suenan estos amplificadores cuando se les conectan bien las guitarras. A día de hoy, Santana sigue aún con su viejo Mesa, pero se rumorea que también ha adquirido un par de Dumble nuevos.

Mesa se convirtió en un fabricante bastante grande que ofrece una amplia variedad de amplificadores y Dumble pasó a producir los amplificadores más caros del mundo —por lo último que sé, con precios que rozan los 35000 USD—. Me parece que las versiones iniciales de ambos amplificadores suenan de forma muy parecida. Tienen una distorsión de preamplificación suave que es quizás un poquitín demasiado aguda para mi gusto.

Los Dumble los usan algunos de los mejores guitarristas del mundo, lo cual contribuye a su reputación de tono excelente. Curiosamente, la gran mayoría de amplificadores Dumble se personalizaron para los músicos que los compraban. Así que, no esperes encontrar dos Dumble que suenen igual, lo cual contribuye a su mística.

Trainwreck

A principios de los 80, Trainwreck, empresa de Ken Fischer, tomó una postura distinta a la de ofrecer a los guitarristas más ganancia o distorsión. Ken agregó más ganancia a la que normalmente se encontraba en los amplificadores regulares sin volumen general, pero no incluyó un control de volumen general. En su lugar, afinó el amplificador de manera que, a medida que se aumenta el volumen, empieza una maravillosa mezcla de distorsión de preamplificador y de amplificador de potencia.

Capítulo tres | Amplificadores de referencia

Los Trainwreck tienen un sonido muy contundente, agresivo y son sin duda mis amplificadores antiguos favoritos. A mí me gustan los Trainwreck que tienen como base el tubo EL84 que, salvo en los Vox, es un tubo de potencia que no recibe la atención que merece.

Marshall de volumen general

Los primeros amplificadores famosos de tubos de calidad que incluyeron un control de volumen general fueron los JCM800 de Marshall en 1981. Estos amplificadores no solo salvaron a Marshall en materia financiera sino que también se convirtieron en la base de todo el sonido rock y metal de los ochenta. Cualquier banda de Hair Metal que se precie de serlo usaba un JCM800, a menudo con un pedal de overdrive o distorsión al frente para obtener un tono principal más rugiente.

En un Marshall clásico de dos entradas —que tiene cuatro conectores de entrada—, cada entrada está conectada a su propia etapa de ganancia. A continuación, se suman las etapas de ganancia y se envían al resto del amplificador.

En un JCM800, la salida de la etapa de entrada de alta ganancia se conecta de forma interna a la entrada de la etapa de entrada de baja ganancia, poniendo en cascada (en serie) las dos etapas de ganancia en lugar de hacerlas funcionar en paralelo. La salida de la etapa de entrada de baja ganancia va luego al resto del amplificador, pero un control de volumen general se agrega después de los controles de tono y antes del amplificador de potencia (ver **Apéndice D—Diagramas de bloque de amplificadores**).

Hubo algunos cambios menores en aumento de agudos, pero esa es la esencia del amplificador.

Poner en cascada las etapas de ganancia quiere decir que el amplificador puede llevarse a una distorsión tremenda. El control de volumen general permite que la señal enviada al amplificador de potencia pueda controlarse independientemente de la ganancia y de la distorsión que cree el preamplificador. Los guitarristas pueden entonces hacer funcionar el amplificador de potencia de forma muy limpia y obtener una distorsión de preamplificador de bajo volumen que los Marshall no ofrecían antes.

La distorsión de preamplificación por sí misma es similar, pero a la vez bastante diferente de la distorsión moderada de preamplificación sumada a la distorsión de amplificador de potencia. La distorsión de preamplificación es, en muchas formas, similar al incremento de rango medio superior y agudo que se crea cuando se usa un pedal de overdrive para llevar al amplificador a una distorsión de amplificador de potencia. Pero la distorsión del preamplificador sólo es más difusa y comprimida y menos enfocada que la distorsión de amplificador de potencia.

Por este motivo, si no tienes cuidado, los JCM800 también tienden a ser muy brillantes y quebradizos. Claro que aún puedes obtener de un JCM800 una distorsión de amplificador de potencia elevando al máximo el volumen general —así es como se suelen usar estos amplificadores en los estudios de grabación.

> 🎧 **ADVERTENCIA**
> Antes de que puedas emular bien el tono de Slash en tu sótano —distorsión de preamplificador ADEMÁS DE distorsión de amplificador de potencia—, tienes que tener en cuenta que va a sonar tremendamente fuerte. Por favor, usa audífonos o tapones para los oídos y advierte a tus vecinos.

Amplificadores de alta ganancia multicanal

Hacia fines de los ochenta, los amplificadores de dos canales eran bastante comunes, con un canal limpio y uno sucio. El canal limpio solía tener dos etapas de ganancia, mientras que el canal sucio tenía tres.

Capítulo tres | Amplificadores de referencia

Imagina una etapa de ganancia como los componentes electrónicos asociados con un circuito multiplicador en el amplificador. La mayoría de amplificadores tienen varios multiplicadores en una fila —también conocidos como en cascada o en serie— de manera que la señal relativamente pequeña proveniente de tu guitarra puede amplificarse y multiplicarse hasta que suene bien con las bocinas.

A más multiplicadores, más distorsión de preamplificador. Por lo general, los amplificadores Boogie y Dumble tienen cuatro etapas de ganancia, mientras que los amplificadores antiguos de la primera época tenían dos etapas de ganancia de preamplificador[1].

Desde la década de los noventa, muchos amplificadores se producen con cuatro, cinco e incluso seis etapas de ganancia en sus canales de alta ganancia con preamplificadores cada vez más sofisticados, que ofrecen tres o incluso cuatro canales. Los canales de ganancia más alta aprovechan al máximo el concepto de distorsión de preamplificador y hacen un gran esfuerzo para modificar la señal de la guitarra mientras pasa a través del preamplificador para mejorar la respuesta específica que busca el diseñador, como un sonido chillón y comprimido de guitarra líder.

En la mayoría de amplificadores multicanal, un canal (a menudo el canal dos) es muy similar a un JCM800. Los canales tres y posteriores agregan más etapas de ganancia y procesamiento para obtener esos tonos más metálicos.

Ya que están, al menos en cierto grado, inspirados en última instancia por el JCM800, una gran mayoría de amplificadores multicanal son de 100 W. No hace falta decir que, a menos que seas un profesional o un auténtico apasionado, nunca subirás el volumen general lo bastante alto como para distorsionar el amplificador de potencia.

Como los amplificadores modernos tienen tanta ganancia, los guitarristas comunes nunca sienten la necesidad de subir el volumen general, así que nunca oyen o sienten lo que hace Slash.

Por este motivo, el amplificador de potencia se convierte de forma eficiente en un simple dispositivo de incremento de potencia usado para intensificar el sonido de las bocinas a niveles moderados.

Amplificadores digitales o de modelado y programas de computadora

Un amplificador digital o de modelado usa una computadora en el preamplificador y en los transistores (rara vez en los tubos) en el amplificador de potencia. La computadora está cargada con programas que son modelos o simulaciones de los tonos de los amplificadores de tubos antiguos y modernos que hemos estado examinando.

Dependiendo de la cantidad de memoria que tenga el amplificador, puedes elegir entre un número infinito de modelos. Estos modelos tratan de simular amplificadores análogos como un todo: preamplificador, amplificador de potencia y, muy a menudo, bocinas y gabinete.

La salida de la computadora se suele enviar a un amplificador de potencia que supuestamente actúa como un amplificador estéreo y se limita a entregar la potencia de las bocinas —completando el retiro del amplificador de potencia de la parte generadora de tonos del amplificador—.

El amplificador de potencia es la parte más cara, más pesada y la que más calor genera en un amplificador de guitarra. Por estos motivos, la desacentuación del amplificador de potencia ha sido el objetivo de los departamentos de ingeniería de muchos fabricantes. Espero que no lo consigan, ya que la pérdida de una buena distorsión de amplificador de potencia es poco menos que un crimen para los amantes de los buenos tonos.

Usar un amplificador de modelado o un programa de computadora como GarageBand para crear tonos de guitarra

Capítulo tres | Amplificadores de referencia

eléctrica es bárbaro si vas a tocar en el sótano y crear pistas demo. Como ingeniero y programador, aplaudo los logros técnicos en estos productos, pero en lo que concierne a hacer una grabación de verdad o tocar en vivo, esta tecnología es actualmente incapaz de reemplazar el sonido y la emoción de una distorsión genuina y auténtica de amplificador de potencia, bocina y gabinete.

El problema con los amplificadores computarizados no sólo es el conflicto digital vs. análogo, como pasa con los discos de vinilo vs. los CDs (aunque es un factor, debo mencionar): sin una fuente de alimentación dinámica y otros matices de los equipos análogos, los amplificadores simulados no pueden responder como uno análogo. Al fin y al cabo, los modelos matemáticos no son más que aproximaciones de la vida real. ♪

Notas al final del capítulo

1. A los nerds de la tecnología no les gustará esta generalización. La entrada de vibrato (que debe estar rotulada "Tremolo") en los amplificadores Blackface y Silverface de Fender tiene tres etapas de ganancia, pero estos amplificadores tienen un corte tan profundo de ganancia, entre la segunda y tercera etapa, que la cantidad total de ganancia es similar a la de un preamplificador de dos etapas.

Es cuando rasgas tu primer acorde en una tranquila mañana de domingo y escuchas cómo se aleja el sonido…y de pronto todo está de nuevo en armonía.

Mikas Feigelovicius

Capítulo cuatro

Buenas recomendaciones

He oído la teoría de que si pones muchos monos frente a muchas cuantas máquinas de escribir, eventualmente uno de ellos escribirá "Don Quijote". Supongo que se puede decir lo mismo sobre cualquier otro tema. Afortunadamente algunos amplificadores, de algunos fabricantes cuyos nombres te causarían asombro, están a un nivel "Quijote" en el mundo de las guitarras.

He tocado con muchos amplificadores a lo largo de los años. Los que nombro a continuación son los amplificadores que considero sobresalientes. No he tocado con todos los amplificadores en el mundo, así que no te ofendas si no menciono el tuyo.

Suelo preferir cualquier amplificador de tubos antiguo —anterior a 1973—, así que demos eso por hecho. Las sugerencias en este capítulo son de amplificadores que se fabrican a día de hoy.

Algunas de las sugerencias son para reediciones de amplificadores antiguos fabricados hace varias décadas. La lista que sigue incluye tres modificaciones que mejorarán drásticamente el tono de estas reediciones.

Para mejorar el tono de un amplificador antiguo reeditado:

- Dile al técnico que reemplace el transformador de salida. Y si puede, que reemplace el transformador de potencia también. Los transformadores son puntos fáciles en los que los fabricantes suelen ahorrar. Si no subes el volumen lo bastante como para obtener una distorsión de amplificador de potencia, quizás no notes la diferencia (o al menos los fabricantes esperan que no la notes).

  Mercury Magnetics en Chatsworth, California, fabrica transformadores (y más) con las especificaciones originales, que el técnico te puede instalar fácilmente. Incluso si tu amplificador no es una reedición, reemplazar los transformadores de inventario (stock) con transformadores para un amplificador antiguo compatible también puede ser de gran ayuda.

- Es imperativo cambiar los tubos y tener el polarizado necesario. Los amplificadores de gama baja suelen tener tubos de gama baja. Si instalas unos buenos tubos, tu tono se puede ver muy beneficiado. Hubo un fabricante de amplificadores grandes que estuvo un tiempo polarizando tubos de potencia con una temperatura muy baja para que pudieran durar más (ver *Capítulo cinco—Rabdomancia para tonos*).

- Colocar una buena bocina en muchas de estas reediciones puede representar una gran diferencia. Las bocinas de inventario, incluso si llevan un nombre bien conocido encima, son a menudo de calidad inferior (ver *Capítulo cinco—Rabdomancia para tonos*).

CAPÍTULO CUATRO | Buenas recomendaciones

Classic 30 y Classic 50 de Peavey

Lo que más respeto de los Peavey es que no están bajo el hechizo de los fantasmas antiguos de amplificadores a los que quieren emular, así que Peavey está siempre experimentando.

Y vaya que experimenta. Desafortunadamente, muchos productos Peavey no han sido bien recibidos por la clientela de alta gama, aunque algunos de sus equipos han sido bastante innovadores.

Los Classic 30 y Classic 50 son amplificadores que definitivamente vale la pena probar. Si los vuelves a entubar y les instalas una bocina Eminence Governor, podrás empezar a respetar a Hartley Peavey como se merece.

Amplificadores de transistores Peavey

En lo que respecta a amplificadores de estado sólido, no hay mejor amplificador a transistores en la Tierra que un Peavey. Peavey se especializa en la gama baja del mercado, así que tienen una experiencia sustancial haciendo que los transistores suenen bien. Pon una bocina Governor en un transistor Peavey y tendrás un buen amplificador pequeño para practicar por muy poco dinero.

Reediciones de amplificadores Tweed y Blackface de Fender

A diferencia de las innovaciones inspiradas de Peavey, a los amplificadores Fender parece irles mejor cuando se apegan a sus diseños antiguos. La mayoría de los amplificadores reeditados, aunque no son exactamente iguales a los originales, son muy buenos (sobre todo si los afinas con transformadores nuevos, tubos nuevos y bocinas Jensen).

Parte Uno | Lo bueno

Cabeza sin volumen general en Caja Pequeña de 50 W Marshall

Que el técnico te la afine con transformadores nuevos y unos buenos tubos y ya estás listo para obtener buenos tonos con estilos que van desde Jeff Beck hasta AC/DC. Lo mismo pasa con la cabeza sin volumen general de 100 W, pero es demasiado ruidosa para mí.

Marshall JCM800

Que el técnico lo afine, suéltate la melena y estarás listo para rocanrolear como si fueran los ochenta.

Vox AC30

Bueno, ahora los AC30 se fabrican en China, pero con unos Celestion Blues nuevos (que puedes conseguir en inventario), Tung-Sol 12AX7 y JJ EL84, igual pueden sonar muy bien.

Two Rock

Si quieres amplificadores inspirados en Dumble pero con un encanto refinado, estos son los elegidos. Sí, son caros, pero no tan caros como los Dumble auténticos, y el personal innovador de Two Rock ha logrado sin duda superar al original.

Tone King

Solo he oído un Tone King en un festival de amplificadores Gear Page en la Ciudad de Nueva York; nunca he tocado con uno, pero quedé sorprendido al instante con la calidad del tono limpio, absolutamente fantástico.

Capítulo cuatro | Buenas recomendaciones

Matchless

Esta compañía ya no es propiedad de su fundador, Mark Sampson, pero supuestamente hace amplificadores siguiendo sus especificaciones de diseño. Aunque estos amplificadores tienen un tono único propio, no se combinan bien con una configuración multiamplificador, pero por su cuenta son amplificadores formidables y agresivos.

Trainwreck

Si puedes comprar uno, los amplificadores de Ken Fischer son maravillosos (por lo último que sé, cuestan unos 10000 USD desde que falleció Ken). Los Trainwreck ofrecen una mezcla sorprendente de distorsión de preamplificador y amplificador de potencia que no logra ningún otro amplificador. Sé que, supuestamente, se están creando clones, pero hasta donde yo sé, la familia de Ken no ha licenciado ni su nombre ni sus diseños a nadie más. Espero que la familia pueda encontrar gente decente con la que trabajar y que empiecen a fabricar más de estas maravillas.

Hablando de gente decente

Como pueden haber notado, muchos en el negocio de la música están a la altura del estereotipo por excelencia del tipo loco y terrorífico de la tienda de guitarra. Aunque me he cruzado con unos cuantos tipos terroríficos, también me he topado con mucha gente maravillosa. La siguiente lista es la *crème de la crème*.

Parte Uno | Lo bueno

Guitarrista revista
Madrid, Spain
www.rdmeditorial.com/index.php?pag=5&revista=guitarrista

Guitarrista es la revista más prestigiosa de habla hispana sobre guitarras, amplificadores y efectos. Garantía de calidad editorial desde 1998.

Vintage Guitar revista
Bismarck, Dakota del Norte
www.vintageguitar.com

Si buscas equipos antiguos o especializados de alta gama, Vintage Guitar es, sin duda, tu primera parada.

Rudy Pensa
Rudy's Music — Nueva York
www.rudysmusic.com

Uno de los aficionados a la guitarra más honestos que jamás hayas conocido. Rudy siempre tiene los mejores equipos, nuevos y antiguos. Mi tienda favorita es la tienda antigua y de colores en Times Square, mientras que el nuevo local en SoHo es simplemente excelente. Con salas de prueba insonorizadas y un personal agradable e informado, Rudy's es una parada obligatoria cuando vayas a la Gran Manzana.

Buzz Levine
Lark Street Music — Teaneck, Nueva Jersey
www.larkstreetmusic.com

Buzz tiene una colección ecléctica de equipos modernos y antiguos en un entorno relajado y sin presiones. Con más de 40 años de experiencia, a Buzz le gusta hablar de tonos, de tu estilo, y de cómo puede darte el equipo apropiado para lo que necesitas. También te permitirá subir el volumen de un amplificador más

Capítulo cuatro | Buenas recomendaciones

fuerte que ningún otro propietario de tienda de música que yo haya tenido el gusto de conocer.

Antique Electronic Supply
Tempe, Arizona

www.tubesandmore.com

Un proveedor excelente de tubos nuevos y NOS (new old stock o inventario antiguo nuevo) y de componentes electrónicos de calidad. Su personal extrovertido y bien informado se desvivirá por ayudarte a encontrar lo que estás buscando a un precio justo.

Billy Zoom
Guitarrista de X y técnico de amplificadores — Los Ángeles, California

www.billyzoom.com

Billy no sólo es un maestro en la guitarra, es también un magnífico técnico de amplificadores. Si necesitas reparaciones, afinaciones o sugerencias para mejorar el tono de tu amplificador, Billy te atenderá muy bien.

Don Butler
Guitarrista de Working Class Hero y técnico de amplificadores — Los Ángeles, California

www.tone-man.com

Con más de 25 años de experiencia como técnico de amplificadores y músico profesional, Don es uno de los mejores del negocio. Ofrece reparaciones, modificaciones, mantenimiento general y restauraciones de amplificadores de tubos, guitarras y pedales de efectos.

Parte Uno | Lo bueno

Kevin Hastings
Amoskeag Woodworks — Essex Junction, Vermont
www.amoskeagwoodworking.com

En un estado rebosante de expertos artesanos de gabinetes, Kevin sobresale como el tipo más talentoso, más profesional, más preciso y, sin lugar a dudas, con el que es más fácil trabajar. Si estás pensando en mandar a hacer un gabinete personalizado, no tomes ninguna decisión sin hablar con Kevin. ♪

Parte dos

Ajuste de tono

5 | Rabdomancia para Tonos

6 | Cultivar Tu Estilo

7 | Bocinas

8 | Gabinetes de Bocinas

9 | Tubos de Potencia

10 | Tubos de Preamplificador

11 | Alambres y Cables

12 | Unas Palabras Sobre Volumen

Cuando toco la guitarra es cuando sé que en verdad estoy conectado con la "energía"…con Dios…con "todo lo que existe" en el Universo.

Cuando me salgo de mi propio camino…cuando dejo atrás mis prejuicios, ego, miedos, distracciones y demás inseguridades que nos invaden a los humanos, y simplemente TOCO, se crea un espacio meditativo especial donde expreso libremente mis emociones y pensamientos más puros, y siento una emoción y liberación como en ningún otro momento en mi vida.

Vivo para estos momentos de preciosa conexión artística y espiritual.

La vida no consiste en esperar a que pase la tormenta, consiste en aprender a bailar en la lluvia.

Mark Karan
Bob Weir & Ratdog
Mark Karan & Jemimah Puddleduck
www.markkaran.com

Capítulo cinco

Rabdomancia para tonos

Tú mismo puedes modificar fácilmente el tono y el carácter de tu amplificador —más allá de girar perillas— con unos cuantos ajustes; algunos simples, otros no tanto. Por supuesto, si le pides al técnico que modifique o reconstruya el amplificador, el efecto será más dramático en el tono. Así que, con la excepción de las últimas dos opciones, la ilustración 5.1 muestra los ajustes que puedes hacer con y sin el técnico, en orden descendiente según el efecto que tenga cada ajuste en el tono.

Parte dos | Ajuste de tono

SIN EL TÉCNICO PUEDES	CON EL TÉCNICO PUEDES
Cultivar tu estilo	Agregar una modificación de caída de tensión (sag)
Cambiar bocinas y gabinetes	Cambiar el transformador de salida
Cambiar tubos de potencia (sólo autopolarizado/polarizado externo)	Cambiar los tubos de potencia[1]
Cambiar tubos de preamplificador	Agregar la modificación sugerida por el técnico
Cambiar cables y alambres	Reconstruir el amplificador

Ilustración 5.1
Ajustes tonales

Sin el técnico

Cultivar tu estilo

Antes de ir a Google y buscar un técnico local, tienes muchas opciones para mejorar el tono de tu amplificador si entiendes tu técnica y su relación con el amplificador. El *Capítulo seis—Cultivar tu estilo* explica qué puedes hacer para empezar desde ya.

Con o sin el técnico

Cambiar bocinas y gabinetes

Cuando trabajas con el tono, el siguiente ajuste tendrá el mayor impacto en el tono de tu amplificador incluirá una(s) nueva(s) bocina(s) y/o gabinete(s). Las bocinas de inventario, especialmente las de los amplificadores más baratos —de menos de 1500 USD— suelen mejorar bastante.

La siguiente sección explica cómo cambiar un amplificador en el gabinete. El *Capítulo siete—Bocinas* aborda en detalle el tema de las bocinas, incluyendo tonos de bocinas individuales (para

Capítulo Cinco | Rabdomancia para tonos

ayudarte a decidir qué bocina(s) te gustaría probar). El *Capítulo ocho— Gabinetes* te ayudará a decidir qué tipo de gabinete de bocina es el mejor para ti.

Cambio de bocinas

Las bocinas tienen conexiones eléctricas deslizantes de alambre de bocinas, así que puedes tirar de los alambres con cuidado. A veces, para una conexión más segura que no se corroerá con el tiempo —como suele ocurrir con las conexiones deslizantes—, los alambres de bocinas están soldados a las terminales de la bocina.

Para cambiar una bocina con alambres soldados necesitarás una pistola para soldar y un extractor de soldadura. Si no tienes estas herramientas, mejor decirle al técnico que las cambie él.

> 💣 **ADVERTENCIA**
> Lee el *Capítulo dieciséis—Principios básicos de seguridad* antes de sacar la pistola de soldar.

PARA RETIRAR UNA BOCINA:

1. Asegúrate de que el interruptor de encendido del amplificador esté en la posición de apagado (OFF).

2. Identifica qué alambre está conectado a qué terminal de bocina (etiquetados "+" y "-") antes de empezar, y anótalo.

3. Desconecta los cables que van a la(s) bocina(s).

4. **Para gabinetes con montantes instalados permanentemente dentro de la pantalla acústica**, retira las tuercas y las arandelas de seguridad que están enroscadas sobre los montantes. Pasa al punto 5.

   Para gabinetes con tornillos de madera, retira los tornillos de madera que atraviesan los orificios de montura de la bocina y se atornillan en la pantalla acústica de madera.

Parte dos | Ajuste de tono

5. Levanta son cuidado la bocina de la pantalla acústica con la misma fuerza a ambos lados para no doblar la bocina y/o los montantes. La bocina tiene una junta alrededor de su borde exterior de manera que se conecta bien con la pantalla acústica —ver la ilustración 7.3—. Con el tiempo, esta junta se puede pegar bastante a la pantalla acústica, *así que ten cuidado cuando levantes la bocina.*

Para instalar una bocina en un gabinete con montantes:

1. Desliza la bocina sobre los montantes hacia la pantalla acústica con la misma fuerza a ambos lados para no doblar la bocina y/o los montantes.

   Aunque se supone que los orificios de montura para las bocinas Celestion y Jensen son compatibles, me he dado cuenta de que no encajan por muy poquito. Generalmente termino usando una lima redonda a través de los orificios de montura de bocina de la Jensen para abrirlos hacia el borde de la bocina. Las limaduras tienden a adherirse a la cesta metálica de la bocina, pero puedes retirarlas con facilidad usando un paño húmedo.

   Ω **ADVERTENCIA**
   Ten mucho cuidado de no hacer un agujero en el cono de la bocina. Si el cono tiene un hoyo ya no puede repararse, a menos que quieras tocar "You Really Got Me" de Kinks, tema para el que cortaron los conos a propósito para crear distorsión.

2. Asegúrate de que la junta esponjosa de la bocina esté aplanada contra la pantalla acústica. Este paso es importante para evitar ruido no deseado.

3. Enrosca las tuercas y los arandelas de seguridad en los montantes.

4. Encuentra el alambre de bocina que va con el terminal de bocina correspondiente y une o suelda estas conexiones.

Capítulo Cinco | Rabdomancia para tonos

Para instalar una bocina en un gabinete usando tornillos de madera:

1. Alinea los orificios de tornillo de la bocina con los orificios de tornillo del panel acústico.

2. Asegúrate de que la junta esponjosa de la bocina esté aplanada contra la pantalla acústica. Este paso es importante para evitar ruido no deseado.

3. Inserta los tornillos de madera a través de los orificios de montura de la bocina y enróscalos dentro de la pantalla acústica de madera.

4. Encuentra el alambre de bocina que va con el terminal de bocina correspondiente y une o suelda estas conexiones.

Conexión de bocinas: en serie y en paralelo

Puedes conectar dos bocinas a un amplificador usando una conexión en serie o en paralelo. La ilustración 5.2 detalla cómo usar ambos tipos de conexiones[2].

Con una **conexión en serie**, el terminal positivo "+" del amplificador —punta del conector de 1/4 plg— va al terminal positivo "+" de la primera bocina. El terminal negativo "-" de la primera bocina se conecta al terminal positivo "+" de la segunda bocina y el terminal negativo "-" de la segunda bocina va conectado al terminal negativo "-" del amplificador —la funda del conector de 1/4 plg—.

Con una **conexión en paralelo**, el terminal positivo "+" del amplificador —punta del conector de 1/4 plg— va al terminal positivo "+" de tanto la primera y segunda bocina. Las terminales negativas "-" de tanto la primera como la segunda bocina van al terminal negativo "-" del amplificador —la funda del conector de 1/4 plg—.

Potencia entregada a bocinas individuales en un gabinete multi-bocina

Digamos que tienes una Bocina Blue de 8 Ohmios —con valor nominal de 15 W— y un P12N de 16 Ohmios —con valor nominal de 50 W— y deseas conectar estas bocinas a tu amplificador de 50 W.

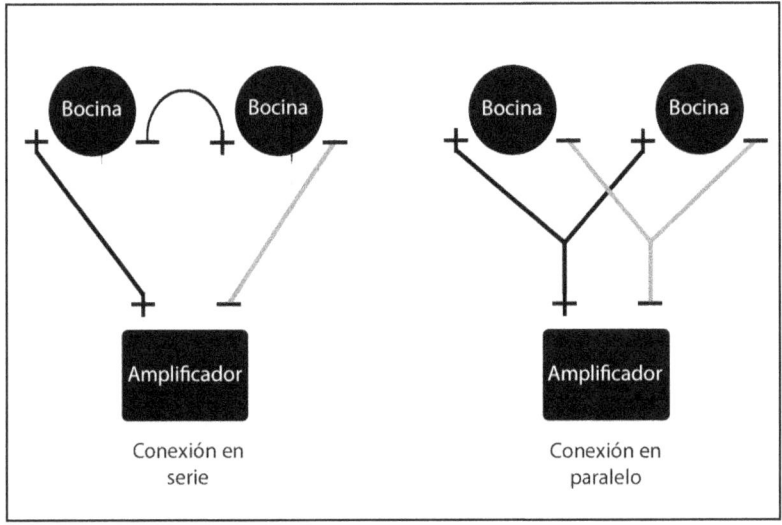

Ilustración 5.2
Alambrado para conexiones en serie y en paralelo

TE PREGUNTARÁS:

- *¿Cómo debería conectar estas bocinas?*
- *¿Cuál es el valor al que debo ajustar el selector de impedancia del amplificador?*
- *¿Cuántos vatios llegarán a cada amplificador?*

Son preguntas frecuentes, y las respuestas deben ser claras. Encontrarás una tabla de referencia sencilla en el ***Apéndice A— Tablas de ohmios de bocinas*** que te explicará todo lo que tienes que saber sobre el cálculo de impedancia.

La potencia se distribuye a las bocinas según, exclusivamente, la base de impedancia (Ohmios), no la potencia nominal. Usa la

Capítulo Cinco | Rabdomancia para tonos

tabla para determinar primero cuánta potencia va a cada bocina, y luego compara esta potencia con la potencia nominal máxima de cada bocina para asegurarte de no fundir nada.

Para que te resulte más sencillo, las tablas de impedancia en el ***Apéndice A—Tablas de ohmios de bocinas*** son para amplificadores de 30, 50 y 100 W. Por motivos de marketing, muchos amplificadores que se habían etiquetado con 50 y 100 W en los años sesenta y setenta ahora se etiquetan con 60 W y 120 W respectivamente. Ten por seguro que un amplificador etiquetado con 100 W en 1970 es sin duda más potente que un amplificador etiquetado con 120 W a día de hoy. Así que usa las tablas de 50 y 100 W para amplificadores etiquetados con 60 W y 120 W.

Si tienes un amplificador de 200 W, como un Marshall Major, duplica los vatajes en la tabla para amplificadores de 100 W.

Volviendo a la pregunta de cómo conectar un Blue y un P12N a un amplificador de 50 W, la tabla para amplificadores de 50 W muestra que tu única opción es conectar el Blue y el P12N en serie.

Con una conexión en paralelo, el Blue de 8 Ohmios recibe 33.3 W y el P12N de 16 Ohmios recibe 16.7 W. Mientras que el P12N puede soportar 16.7 W, el Blue está diseñado para 15 W, así que una conexión en paralelo con 33.3 W fundirá el Blue —aunque no suele pasar nada por exceder un poco el vataje nominal de una bocina, sobre todo cuando se usa un gabinete de parte posterior cerrada—.

Con una conexión en serie, las tablas muestran que la entrega de potencias se invertirán a cada bocina: el Blue recibirá 16.7 W y los demás 33.3 W irán al P12N de 50 W.

Como verás, la impedancia exacta de estas dos bocinas en serie es 24 ohmios. Para una máxima potencia, selecciona la impedancia en tu amplificador que más se acerque a la configuración de impedancia de tu gabinete; en este caso, la configuración de 16 ohmios.

Parte dos | Ajuste de tono

Bajar el volumen con mitad de potencia e impedancias desadaptadas

Cuando la impedancia de la bocina coincide con la impedancia del amplificador, la mitad de la potencia generada por el amplificador se disipa en el amplificador y la otra mitad va a las bocinas.

El desajuste de impedancias es una forma de bajar el volumen de los amplificadores de tubos de volumen general y sin volumen general y aún obtener distorsión de amplificador de potencia. Sin embargo, sólo puedes desajustar cuando el amplificador de tubos está a mitad de potencia.

> 💣 **ADVERTENCIA**
> Al desajustar impedancias, usa el amplificador a mitad de potencia o se fundirá.

Cuatro formas en las que puedes bajar el volumen usando un amplificador a menos de su máxima potencia:

- Si es posible, baja el control de vataje. Desafortunadamente, este método reduce el sag (o caída de tensión) de fuente de alimentación en la mayoría de amplificadores.

- Si es posible, baja la perilla de volumen general. Desafortunadamente, este método reduce la distorsión de amplificador de potencia en todos los amplificadores.

- Abstente de forzar el amplificador sin volumen general a cualquier punto cercano a la distorsión.

- Retira un par de tubos de potencia —evidentemente, esta opción sólo concierne a los amplificadores con dos o más pares de tubos de potencia—.

La impedancia desajustada, alta o baja, hace que más de la mitad de la potencia que produce el amplificador se disipe en el amplificador, pero ya que estás usando el amplificador a una

Capítulo Cinco | Rabdomancia para tonos

potencia inferior a la máxima, no habrá problema con el calor y la potencia agregada.

La otra cara de la moneda es que menos de la mitad de la potencia que produzca el amplificador irá a las bocinas y reducirá el volumen, ¡un gran recurso en un amplificador de tubos sin volumen general!

Cambio de tubos y ohmiaje

Cuando sacas un par de tubos de potencia de un amplificador con dos pares de tubos, duplicas la impedancia de salida del amplificador, así que un amplificador con salidas de 4, 8 y 16 ohmios se convierte en un amplificador de 8, 16 y 32 ohmios.

A mayor desajuste de impedancia menor será la potencia que va a la bocina. Por ejemplo, una bocina de 4 ohmios conectada a la salida de 32 ohmios (etiquetada con 16 ohmios) causa un desajuste máximo y el volumen más bajo posible. Usar una bocina de 4 ohmios con las salidas de 8 ó 16 ohmios le dará más fuerza.

Experimenta con varias cantidades de desajustes para ver qué te puede servir, ¡pero recuerda siempre no poner el amplificador de potencia a máxima potencia o todo saldrá por los aires!

Cambio de tubos de potencia

Como las bombillas de luz, los tubos de potencia se queman y tienen que cambiarse y repolarizarse a menudo, dependiendo de la frecuencia con la que uses el amplificador. Hay algunos amplificadores que se pueden cambiar sin el técnico, pero la mayoría no[3]. Es una pena, pues cambiar los tubos de potencia puede tener un efecto dramático en el tono, además de las molestias y el costo que representa ir al técnico para el mantenimiento de los tubos de potencia.

Con o sin el técnico

La polarización establece la corriente al vacío en los tubos, que

PARTE DOS | Ajuste de tono

es similar a encender tu auto y dejarlo en neutro. La forma en que se polarizan los tubos de potencia del amplificador determina si puedes cambiar los tubos de potencia tú mismo o no. La **polarización por cátodo**, como una transmisión automática, repolariza de forma automática para que sólo tengas que conectarte y tocar la guitarra. La **polarización externa** requiere que polarices los tubos desde una interfaz externa en el amplificador. Una **polarización interna** requiere que el chasis se tenga que extraer del gabinete. Como esto comprende voltajes mortales, el técnico tiene que encargarse de polarizart este tipo de amplificador.

Para más información sobre polarizado, consulta *Polarizado de nuevos tubos de potencia.* Para determinar qué "sabores" de tubos te gustaría probar, consulta el *Capítulo nueve—Tubos de potencia* y el *Capítulo diez—Tubos de preamplificador*.

Extracción de tubos de potencia

Es muy probable que los tubos de potencia en tu amplificador estén fijados con algún tipo de retenedor de tubos.

LOS TRES TIPOS BÁSICOS DE RETENEDORES SON:

- Enganche de sujeción de base
- Enganche con resortes
- Enganche de EL84

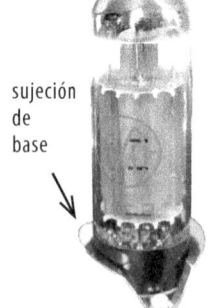

Ilustración 5.3
Enganche de sujeción de base con tubo

El enganche de sujeción de base

Los enganches de sujeción de base sólo aceptan tubos de potencia de base pequeña como 6V6, 6L6, EL34 y KT77. Si quieres instalar tubos octales de base grande como los KT66, KT88 ó 6550, pídele al técnico que reemplace los enganches de sujeción de base con enganches con resortes que acepten tubos octales de bases tanto grandes como pequeñas.

Capítulo Cinco | Rabdomancia para tonos

El enganche de sujeción de base se asemeja a una concha abierta y tiene dos dientes pequeños en cada lado para facilitar el agarre a la base del tubo de potencia.

> 💣 **ADVERTENCIA**
> Lee el *Capítulo dieciséis—Principios básicos de seguridad* antes de extraer o instalar tubos de potencia.

PARA EXTRAER UN TUBO DE UN ENGANCHE CON RESORTES:

1. Asegúrate de que el amplificador esté apagado y los tubos fríos.

2. Abre los dos lados de la concha hacia el chasis y lejos del tubo, usando dos dedos de una mano

3. Extrae el tubo fuera del encaje con la otra mano. Mueve el tubo un poco hacia delante y atrás para empezar a sacarlo, pero si lo mueves muy fuerte el pasador de posicionamiento del tubo se romperá.

El enganche con resortes

Un enganche con resortes tiene dos resortes que van del chasis a una placa redonda de metal con un agujero en el medio llamado "el enganche".

PARA EXTRAER EL TUBO DEL ENGANCHE CON RESORTES:

1. Asegúrate de que el amplificador esté apagado y los tubos fríos.

2. Sujeta cada lado del enganche y quítalo del tubo, suéltale para que el enganche pueda colgar de un lado.

3. Extrae el tubo fuera del encaje con la otra mano. Mueve el tubo un poco hacia adelante y atrás para empezar a sacarlo, pero si lo mueves muy fuerte el pasador de posicionamiento del tubo se romperá.

Ilustración 5.4
Enganche con resortes con tubo

Parte dos | Ajuste de tono

Ilustración 5.5
Enganche de
EL84

El enganche EL84

El enganche EL84 es una variación del enganche con resortes, pero sin resortes. En su lugar, el alambre de resorte doblado va por encima y sobre el tubo. El tubo en sí tiene un extremo puntiagudo incorporado en el vidrio que se aloja en el enganche. Las ilustraciónes 5.5 y 5.6 muestran un enganche con resortes descargado y cargado; los resortes de enganche en el amplificador pueden estar orientados según se muestra o girado 180°.

Para extraer un EL84 del enganche:

1. Asegúrate de que el amplificador esté apagado y que los tubos estén fríos.

2. Sujeta el extremo rizado del enganche, jálalo hacia abajo y rótalo hacia el lado del tubo donde está la mayor parte del alambre retenedor —esto evitará que el extremo del alambre cerca de la base del tubo se enrede con las clavijas del tubo—.

3. Suelta el enganche.

4. Jala el tubo fuera del encaje. Muévelo un poco de lado a lado para que se desplace, pero si lo mueves demasiado las clavijas se doblarán.

Instalación de tubos de potencia nuevos

Una vez que hayas sacado los tubos viejos, estarás listo para poner los nuevos. Sin embargo, debes tener mucho cuidado cuando coloques los tubos en los encajes: sólo hay una forma de hacerlo, y las clavijas se pueden romper o doblar fácilmente si no lo haces bien.

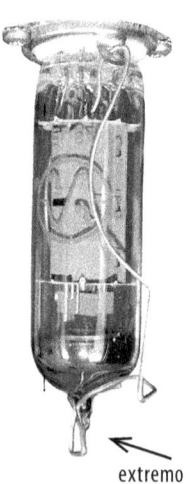

extremo rizado

Ilustración 5.6
Enganche EL84
con tubo

Capítulo Cinco | Rabdomancia para tonos

Tubos de potencia octales

Los tubos de potencia grandes tienen ocho clavijas de metal[3] —tal como se muestra en la ilustración 5.7—, dispuestos en un círculo alrededor de una clavija redonda de plástico con una lengüeta llamada "pasador de posicionamiento". Debido a estas ocho clavijas, estos tubos se llaman "tubos de potencia octales". Con la única excepción de los EL84, todos los tubos de potencia serán octales.

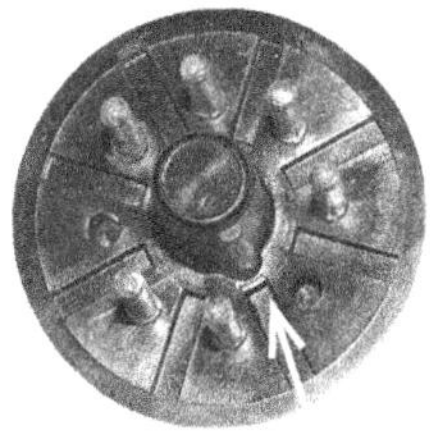

Ilustración 5.7 Parte inferior del tubo de potencia octal que muestra el pasador de posicionamiento

Para instalar un tubo de potencia octal:

1. **Para amplificadores con enganches de sujetador de base**, empuja con cuidado los dos lados del enganche hacia el chasis usando dos dedos. Pasa al punto #2.

   Para amplificadores con enganches con resortes, mueve el enganche hacia el costado con una mano.

2. Usa el pasador de posicionamiento para determinar cómo colocar el tubo en el encaje. El encaje tendrá un orificio central hembra que acepta el pasador de posicionamiento, lo cual asegurará que coloques el tubo en la posición adecuada (ilustración 5.8).

   🔥 **ADVERTENCIA**
   Si un tubo está mal colocado en un encaje, puede crear un cortocircuito en los circuitos electrónicos y dañar los componentes internos. Si eso sucede, tendrás que ir al técnico. Ten cuidado al alinear el pasador de posicionamiento.

   🔥 **ADVERTENCIA**
   No intentes usar ningún tubo con un pasador de posicionamiento que no esté o que esté roto. Estarás jugando a la ruleta rusa con el amplificador.

Ilustración 5.8 Parte superior del encaje de tubo de potencia octal, con la parte hembra del pasador de posicionamiento

Parte dos | Ajuste de tono

3. Con la mano que tengas libre, presiona con cuidado el tubo hacia dentro del encaje de tubo. Mueve el tubo un poco, hacia atrás y adelante, para asegurarte de que se ajusta bien. Cuando hayas encajado bien el tubo de potencia, no notarás un espacio entre el tubo y el encaje. Deben encajar perfectamente. Si ves que tienes un encaje en el que ningún tubo se ajusta bien, sea cual sea, pídele al ténico que retensione las clavijas del encaje.

4. Una vez instalado, limpia el vidrio del tubo con un paño suave, limpico y seco. La grasa de las manos debilita el vidrio a medida que se calienta el tubo.

Tubos de nueve clavijas

El EL84 parece un tubo de preamplificador extralargo con nueve clavijas —colocadas igual que los tubos de preamplificador—. Los EL84 y los tubos de preamplificador se llaman tubos de nueve clavijas porque ambos tienen nueve clavijas relativamente finas colocadas en un círculo al que parece que le falta una décima clavija.

Las clavijas son muy finas y se doblan con facilidad. Si están dobladas, puedes usar alicates de punta fina para enderezarlas. Recuerda que las clavijas están incrustadas en un tubo de vidrio, así que ten mucho cuidado.

Los tubos de nueve clavijas no tienen un pasador de posicionamiento central; en vez de eso, la ausencia de la décima clavija sirve como dispositivo de posicionamiento.

Ilustración 5.9
Tubo de preamp de nueve clavijas
12AX7

Un EL84 no puede reemplazar un tubo de preamplificador o viceversa. Intercambiar estos dos tipos de tubo da otra posibilidad de cortocircuito, lo cual puede dañar los componentes internos y hacer que tengas que ir al técnico.

Capítulo Cinco | Rabdomancia para tonos

💣 **ADVERTENCIA**
Los tubos de potencia EL84 no son intercambiables con tubos de preamplificador. Intercambiar estos tipos de tubos puede producir un cortocircuito en los componentes electrónicos internos.

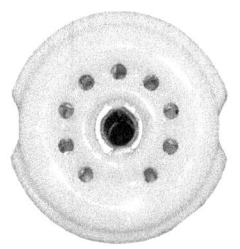

Ilustración 5.10
Encaje de tubo de nueve clavijas

Para instalar un EL84:

1. Asegúrate de que el extremo del retenedor no esté enredado en las clavijas del tubo.

2. Mete el EL84 asegurándote de que la clavija que falta en el tubo esté a la par con el orificio que falta en el encaje. Cuando hayas colocado el tubo de potencia bien no habrá ningún espacio entre el tubo y el encaje. Deben encajar perfectamente. Si ves que tienes un encaje en el que ningún tubo se ajusta bien —sea cual sea— dile al técnico que reajuste las clavijas del encaje.

3. Una vez instalado, limpia el vidrio del tubo con un paño suave, limpio y seco. La grasa de las manos debilita el vidrio a medida que el tubo se calienta.

4. Vuelve a verificar que el extremo de la base de tubo del alambre del retenedor no esté enredado con las clavijas del tubo en cada lado del retenedor.

5. Dobla un poco hacia fuera las lengüetas que sujetan el alambre del enganche a la base si hay problemas de espacio.

6. Jala el extremo rizado del cable del enganche hacia arriba y sobre la punta del tubo y suéltalo con cuidado.

Una vez colocados los tubos de potencia nuevos, estarás listo para polarizar.

Parte dos | Ajuste de tono

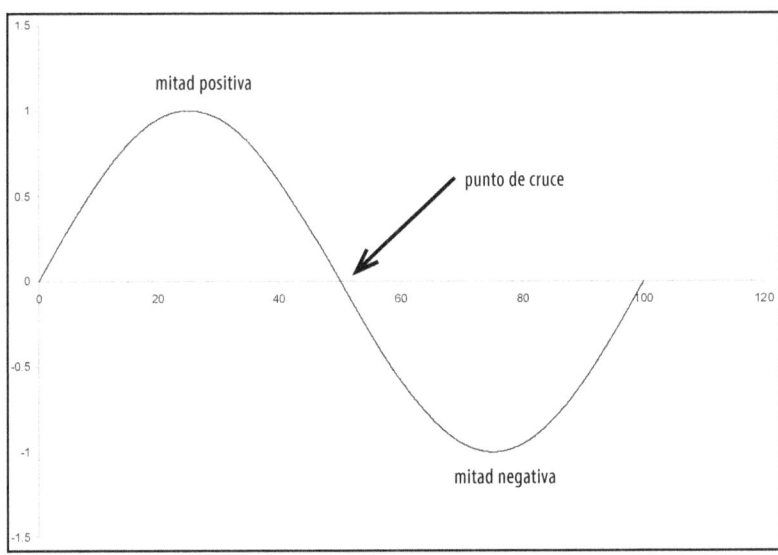

Ilustración 5.11
Onda senoidal típica

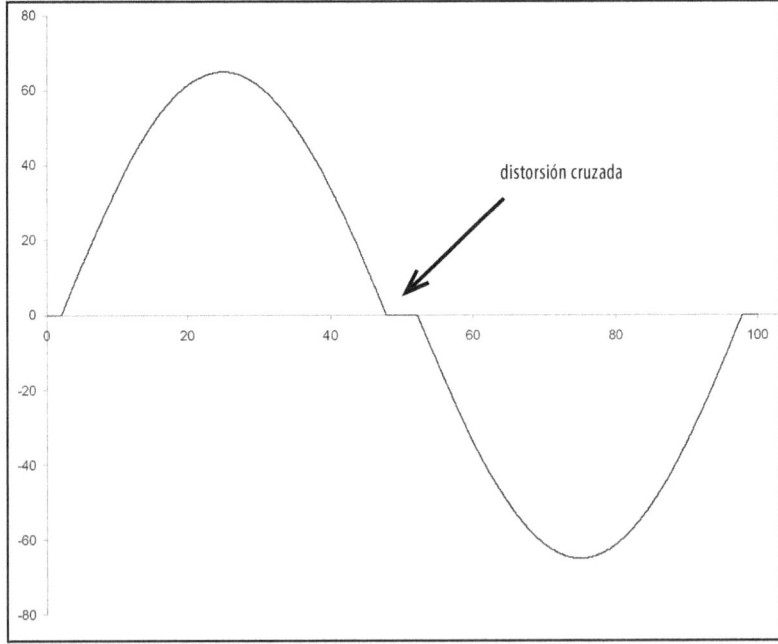

Ilustración 5.12
Onda senoidal con distorsión de cruce

Capítulo Cinco | Rabdomancia para tonos

Polarización de los tubos de potencia nuevos

LOS AMPLIFICADORES OFRECEN UNO DE ESTOS TRES MÉTODOS DE POLARIZADO:

- Polarización por cátodo.
- Polarización externa.
- Polarización interna.

Polarización por cátodo

Si tu amplificador está polarizado por cátodo (o autopolarizado), ¡ya puedes empezar a tocar!

Polarización externa

Si el amplificador te ofrece una función de polarizado externo, sigue las instrucciones del fabricante para polarizar los tubos.

Las funciones de polarizado externo de alta gama te permiten polarizar cada tubo de forma individual. Esta función es genial, ya que no hay dos tubos que estén emparejados —y si lo están, seguro que no permanecerán juntos a medida que se desgastan—.

Al polarizar externamente, ten en cuenta que los parámetros de polarizado recomendados por el fabricante no son siempre exactos. Las cantidades más bajas de corriente de polarizado —polarizando los tubos en frío— dan como resultado un tono más ligero y limpio y le proporcionan a los tubos un ciclo de vida algo más largo. Entre mayor cantidad de corriente de polarizado le den a tu amplificador, más pesado será el sonido, que será más fácil de forzar a la distorsión —aunque claro, los tubos te durarán un poco menos—.

Sin embargo, existen límites sobre cuánto puedes ajustar la corriente de polarizado para cada tubo. Si estableces la corriente de polarización demasiado alta, las placas —las partes metálicas de los tubos que se ven— brillarán al rojo vivo, primero en puntos y luego en todos lados a medida que aumentes la corriente.

A alguunos guitarristas les gusta incrementar la corriente de polarizado hasta que los tubos empiezan a brillar un poco, y luego la bajan un poquito. Aunque esto puede resultar en un buen tono, por motivos de seguridad recomiendo medir la corriente de polarizado y no exceder los máximos recomendados por el fabricante para cada tubo.

> 💣 **ADVERTENCIA**
> Polariza siempre según los parámetros de polarización recomendados por el fabricante del amplificador. Si se usan los tubos demasiado calientes puede haber un incendio, en el peor de los casos, o se pueden fundir los tubos, en el mejor de los casos.

Sin duda, puedes establecer la corriente de polarizado un poco más baja que la máxima recomendada por el fabricante, pero no demasiado baja. Tal como se muestra en la ilustración 5.11, los tubos de salida funcionan en dos grupos: el grupo de la derecha amplifica el lado positivo de la señal y el tubo de la izquierda amplifica el lado negativo. Si la corriente de polarizado es demasiado baja, se crea una brecha en el punto de cruce donde se apagan los tubos de amplificación positiva antes de que se enciendan los tubos de amplificación negativa —como se muestra en la ilustración 5.12—. Esta brecha en la señal se llama **distorsión de cruce** y, créeme, que este tipo de distorsión no es nada agradable.

Así que, polarizar el amplificador demasiado frío o demasiado caliente puede causar problemas. Sin embargo, tienes gamas que probar. Por ejemplo, en un Ganesha el rango aceptable de corriente de polarización es de 15 mA a 40 mA para un 6L6 y entre 10 mA y 30 mA para un EL34. Ir más alto que estos rangos causará que los tubos brillen al rojo vivo en ciertos puntos —reduciendo drásticamente la vida útil del tubo—, si se baja más se producirá distorsión de cruce.

Capítulo Cinco | Rabdomancia para tonos

Los tubos de potencia tienen un periodo de adaptación de unas 40 horas, tras las cuales deben repolarizarse. A medida que cada tubo envejece, habrá que ajustarlo en ocasiones hasta que ya no pueda producir la corriente suficiente para funcionar como debe.

Polarización interna

Con los amplificadores sin funciones de autopolarización o polarización externa hay que extraer el chasis del gabinete para medir y ajustar la corriente de polarización. Como la polarización debe realizarse mientras la corriente pasa por los tubos, para la polarización interna hay que medir los voltajes letales, y solo un técnico con experiencia debe hacerlo.

> 💣 **ADVERTENCIA**
> Si tu amplificador no es polarizado por cátodo (autopolarizado) y no ofrece una función de polarizado externo, debes llevarlo al técnico para que cambie los tubos de potencia. Las corrientes de polarizado involucran altos voltajes que son letales. Para amplificadores de polarización interna, pídele al técnico que cambie los tubos de potencia.

Cambio de tubos rectificadores

Los tubos rectificadores se gastan, al igual que los tubos de potencia. Cambiar un tubo rectificador es igual que cambiar un tubo de potencia, con la diferencia de que no tienes que preocuparte por la polarización.

Un tubo rectificador nuevo le dará al amplificador un tono más contundente y fuerte, así que tener varios tipos y edades de rectificadores es otra forma de poner tu tono a punto.

Como los tubos de potencia, los tubos rectificadores funcionan a muy altas temperaturas. Recuerda siempre:

1. Asegurarte de que el amplificador esté apagado y de que los tubos estén fríos.

PARTE DOS | Ajuste de tono

2. Limpiar los tubos con un paño limpio y seco tras la instalación para quitarte toda la grasa de las manos.

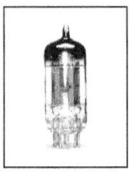

Con o sin el técnico

Cambio de tubos de preamplificador

Cambiar tubos de preamplificador es similar a cambiar EL84 (ambos tienen nueve clavijas) en un amplificador con autopolarización. La única diferencia es que los tubos de preamplificador no tienen enganche, más bien se sujetan en su lugar mediante la fricción de las clavijas en el encaje.

Sin embargo, los tubos de preamplificador en amplificadores de alta calidad están cubiertos con un protector metálico diseñado para evitar que entre ruido al tubo. Estos protectores no se han diseñado para actuar como encajes, pero ciertamente funcionan como tal.

> 💣 **ADVERTENCIA**
> Lee el *Capítulo dieciséis—Principios básicos de seguridad* antes de retirar o instalar tubos de preamplificador.

PARA EXTRAER LOS TUBOS DE PREAMPLIFICADOR:

1. **Para amplificadores con protectores de tubo de preamplificador**, empuja el protector hacia el chasis del amplificador.

   Para amplificadores sin protectores, pasa al punto #3.

2. Da un giro pequeño de 1/8 en sentido opuesto a las agujas del reloj para desprender la muesca de la base de la ranura del protector. El protector se caerá.

3. Retira con cuidado el tubo del preamplificador, fijándote en dónde se encuentra el espacio en el encaje

Capítulo Cinco | Rabdomancia para tonos

de nueve clavijas (puede ser difícil verlo por la base de protector de tubo alrededor).

PARA INSTALAR TUBOS DE PREAMPLIFICADOR:

1. Calza el orificio que falta en el encaje con la clavija que falta en el tubo y mete el tubo de preamplificador en el encaje.

2. Tras instalarlo, limpia el vidrio del tubo con un paño suave, limpio y seco. La grasa de las manos debilita el vidrio a medida que el tubo se calienta.

3. **Para amplificadores con protectores de tubo de preamplificador**, desliza el protector sobre el tubo, asegurándote de que el enganche interno se ajuste a la punta del tubo.

   Para amplificadores sin protectores, sáltate los puntos #4 y #5.

4. Ajusta la ranura del protector con la muesca de la base.

5. Gira el protector aproximadamente 1/8 de vuelta en el sentido de las agujas del reloj hasta que encaje bien en su lugar.

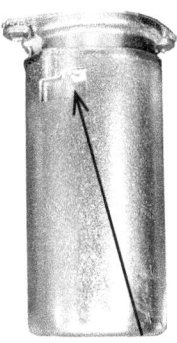

Ilustración 5.13
Protector de tubo de preamplificador de alta gama mostrando ranura de protector y muesca de base

Cambio de alambres y cables

Los alambres y cables pueden tener un efecto mayor del que puedas imaginar en el tono del amplificador. Consulta el *Capítulo once—Alambres y cables* para recibir más detalles sobre cómo afectan al tono los diferentes tipos de cables.

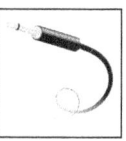

Sin el técnico

Parte dos | Ajuste de tono

Con el técnico

Agregar una modificación de caída de tensión (sag)

Las modificaciones de caída de tensión (sag) requieren de una intervención precisa, casi quirúrgica, pero te llevarán a obtener un tono más suave y más antiguo, incluso con un amplificador moderno de alta ganancia. Las opciones de caída de tensión (sag) incluyen agregar un tubo rectificador o el resistor mágico.

Tubo rectificador

Si vas a comprar un transformador de potencia nuevo, pídele al técnico que modifique la fuente de alimentación del amplificador para usar un tubo rectificador en lugar de uno de estado sólido. Agregar un tubo rectificador añadirá una cantidad significativa de caída de tensión (sag), y por tanto suavidad al amplificador al forzarse. El rectificador también bajará el volumen en el que el amplificador de potencia empieza a quebrarse.

Por otro lado, si tienes un tubo rectificador puedes usar un reemplazo de estado sólido que se conecta al encaje de tubo rectificador para obtener un amplificador con un volumen más fuerte y nítido.

Resistor mágico

Si te gustaría que tu amplificador tuviera más caída de tensión (más sag) sin tener que cambiar el transformador de potencia ni agregar un tubo rectificador, pídele al técnico que agregue el "resistor mágico". Puedes encontrar instrucciones técnicas en mi artículo *Fizz Kill-How to Kill Output Transformer Ringing/ Fizz and Attenuator Created Blowouts With One Stone* ("Matazumbidos: cómo eliminar de una vez por todas chirridos y zumbidos de transformador de salida y voladuras causadas por atenuadores"), disponible en amazon.com.

Capítulo Cinco | Rabdomancia para tonos

- Para amplificadores con dos tubos de potencia, agrega un resistor de potencia de 50 ohmios y 25 W entre los rectificadores de estado sólido y las tapas de filtro.

- Para amplificadores con cuatro tubos de potencia, agrega un resistor de potencia de 22 ohmios y 50 W.

💣 **ADVERTENCIA**
No permitas que el técnico agregue un potenciómetro tremendo —también conocido como "pot" o "resistor variable"— en el panel frontal del amplificador para darte control sobre la caída de tensión (sag). A diferencia de los bajos o agudos, los voltajes implicados con la caída de tensión (sag) de la fuente de alimentación son letales. Aunque este método es técnicamente legal debido a los valores nominales de resistencia variable del fabricante, colocar altos voltajes en un control de usuario no es el método más seguro.

Cambio del transformador de salida

Cambiar el transformador de salida (OPT) es un paso muy efectivo que el técnico y tú pueden realizar para cambiar el carácter tonal del amplificador. Los resultados pueden ser bastante dramáticos, especialmente cuando estés forzando el amplificador de potencia hacia la distorsión.

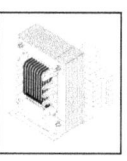
Con el técnico

Mercury Magnetics fabrica excelentes OPT de respuesta suave para casi cualquier tipo de amplificador. Si tu amplificador no está en su lista, pueden ayudarte a encontrar un sustituto que haga lo que buscas.

Por ejemplo, digamos que tienes un Fender Blues Deville. Para un mejor tono en general, puedes reemplazar el OPT con uno hecho para un Blackface Superb Reverb. O, si deseas un tono más

PARTE DOS | Ajuste de tono

comprimido, puedes usar un OPT para un Tweed Bassman. Si realmente quieres darle rienda suelta a tu creatividad y alejarte del bajo opaco que suelen tener los Fender, puedes probar el OPT para un Marshall 50 Watt Plexi —pero lo más probable es que te alejes de los bajos—.

Ten cuidado con la configuración de impedancia de salida cuando usas un OPT diferente. Será recomendable que instales el cableado de las bocinas de nuevo para que coincidan con las impedancias que ofrece el transformador nuevo.

Con el técnico

Agregar la modificación favorita del técnico

Dependiendo del amplificador y del nivel de experiencia del técnico, podrás modificar el amplificador para que su tono te guste más. Aunque una modificación no puede cambiar el amplificador por completo, seguro que afectará a la reproducción de sonido —las frecuencias acentuadas o reducidas—, y a veces a la ganancia. Una modificación puede reducir con éxito la ganancia del amplificador, pero incrementar la ganancia es un poco más difícil.

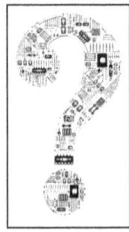

Con el técnico

Reconstruye el amplificador

Si ninguno de estos ajustes te sirve, empieza a considerar un amplificador totalmente nuevo. Si estás enamorado del aspecto de tu amplificador, puedes también considerar que el técnico desarme por completo el interior y lo reconstruya —aunque, como verás, es mucho más rentable comprar un amplificador nuevo—. Los técnicos suelen disfrutar del desafío y de la libertad de desarmar completamente tu amplificador y trabajarán con ímpetu para dejártelo tal como te gusta. ♪

Capítulo Cinco | Rabdomancia para tonos

Notas al final del capítulo

1. Cuando cambias un tubo de potencia, debes repolarizar o establecer la corriente al vacío. Algunos amplificadores tienen polarización de cátodo (autopolarización) que repolariza los tubos de forma automática. Otros ofrecen un ajuste externo de polarización que te permite polarizar fácilmente desde el panel posterior. Nunca intentes polarizar un amplificador que no tenga una de estas características sin la ayuda del técnico.

2. La ilustración 5.2 es una representación conceptual de conexiones de bocinas en serie y paralelo. El alambrado físico en tu gabinete será diferente.

3. La ilustración 5.7 muestra la parte inferior de un tetrodo 6V6 de haz dirigido (kinkless o sin pliegue), un tubo octal que no requiere que funcionen las ocho clavijas. Dependiendo del tipo de tubo o de su fabricante, un tubo de potencia octal puede tener seis, siete u ocho clavijas. Un tubo rectificador octal suele tener cinco clavijas, pero puede tener hasta ocho.

Cuando tengo la guitarra en las manos, me siento como un pintor ante un lienzo en blanco. En ese momento, no hay reglas. Tengo la libertad de expresar lo que no puedo con palabras. Es un escape a un mundo sin edad; un lugar en el que puedo mostrar la emoción que siento, sea cual sea, y tengo mi propio idioma personal donde todo tiene sentido. La guitarra es el pincel y el amplificador es la pintura. La combinación de estas dos piezas me da una meditación y libertad que no puedo encontrar en ningún otro lugar. Como dijo Jim Morrison, "la música es tu amiga especial".

Andy Meade

Capítulo seis

Cultivar tu estilo

Sin el técnico

Un buen amplificador, independientemente de lo distorsionado que esté, responde al toque. Es más fácil sentir la capacidad de respuesta —a diferencia de la sensibilidad al toque— con amplificadores sin volumen general de baja ganancia. Los buenos amplificadores sin volumen general producen limpios maravillosos cuando se retira el toque, y permiten seleccionar una gran cantidad de variaciones de ganancia mediante la perilla de volumen en la guitarra.

Sin embargo, un buen amplificador de volumen general puede también ser muy resolutivo al toque, a diferencia del encendido o apagado único que algunos fabricantes venden como una función llamada "sensibilidad al toque" (*touch sensitivy*).

PARTE DOS | Ajuste de tu tono

Tocar con un amplificador sin volumen general

Si tienes menos de 40 años, quizás nunca hayas estado frente a un amplificador sin volumen general, lo cual es una pena. Me gustaría ayudarte a prepararte para el día en que te encuentres con uno.

Hace mucho, mucho tiempo, en la edad oscura con autos con alerones y televisión en blanco y negro, los amplificadores tenían solo dos perillas (a veces tres): volumen, tono y quizás trémolo y/o reverb. Si tenías suerte, tenían dos perillas: bajos y agudos, en lugar de una de tono. Si tenía una perilla de tonos medios, entonces el amplificador era sensacional. En cualquier caso, todos los amplificadores tenían tubos de vacío —conocidos en Europa como "válvulas"—.

Cuando se encuentran con un amplificador antiguo o reeditado, muchos guitarristas no saben qué hacer. Los amplificadores modernos de volumen general tienen perillas rotuladas Gain, Pre, Distortion, Drive o algo por el estilo, y una perilla llamada Volume, Post o Master. Los amplificadores antiguos no tienen perilla Gain o Master pero tienen una perilla de volumen, a menudo cerca del conector de entrada donde debe estar la perilla de ganancia en un amplificador de volumen. *¿Dónde está la perilla "Master"? ¿Dónde está la perilla de ganancia? ¿Por qué la perilla de volumen está en un lugar extraño? ¿Por qué este amplificador es tan diferente de los amplificadores que conozco y cómo puedo hacer que funcione?*

La primera vez que se crearon los amplificadores de guitarra, los fabricantes creían que los sonidos limpios eran los únicos que gustaban. Así que los amplificadores se hacían de forma muy similar a los estéreos caseros: sólo con controles de tono y con una forma de controlar el volumen general del amplificador.

Los circuitos de amplificadores antiguos tendían a ser derivados de los circuitos de muestra que aparecían en los manuales de los fabricantes de tubos —en particular el **RCA Receiving Tube Manual**—. En dichos manuales, la sensibilidad de entrada de

CAPÍTULO SEIS | Cultivar tu estilo

los circuitos amplificadores estaba más enfocada a las entradas de fonógrafo que a las salidas más elevadas disponibles desde las guitarras eléctricas. Afortunadamente, estos circuitos conseguían que el amplificador se distorsionara muy fácilmente con un sonido limpísimo.

Los guitarristas no tardaron mucho tiempo en darse cuenta de que girar la perilla de volumen al máximo no sólo causaba un volumen más alto, sino que también causaba que reaccionara de forma diferente. A medida que vas incrementando el volumen del amplificador antiguo con la perilla, se incrementa el sustain, el tono cambia y se distorsiona en una forma que permite que el amplificador sea más expresivo, resolutivo y vivo.

Así que con la perilla de volumen del amplificador y/o con la guitarra girada a un volumen bajo, los amplificadores antiguos producen un tono limpio y el sonido que sale de los amplificadores es muy similar a la forma en la que suena la guitarra "desnuda".

A medida que vas subiendo el volumen del amplificador empieza a sonar "más grueso", como si saliera más energía del amplificador de la que le pones. El tono más grueso se seguiría considerando limpio, pero el amplificador es más expresivo y se siente más resolutivo y vivo.

Este "limpio" es lo que oyes en muchos discos de Country y Jazz, así como en los de Jimi Hendrix, y es más que un punteo estéril a volumen bajo. Es un tono que aún no se ha forzado hasta el punto de tener un poco de "pelusa" o suciedad en él. "Limpio" es cuando has forzado el amplificador hacia apenas debajo de su límite y la guitarra te está haciendo sustain y te está cantando sin perder la voz.

El gabinete también vibra bastante, como debe ser, y mueve mucho aire —además del aire que mueven las bocinas—, creando una forma de reverberación natural. Ahora el amplificador sonará más fuerte de lo que piensas, **así que usa tapones para los oídos y aléjate**.

PARTE DOS | Ajuste de tu tono

Con este tono limpio, muchos o todos los sistemas principales en el amplificador han ido más allá de su región estrictamente lineal (reproducción perfecta) y están empezando a agregar *armónicos* pero no se les está forzando tanto como para generar recorte —ver el ***Capítulo catorce—Principios básicos de distorsión***—.

A medida que subes el volumen, el amplificador empieza a "quebrarse", algo que también se describe como "peludo" en las notas o volverse "sucio" o "crujiente" —dependiendo de cómo responde tu amplificador en particular—. El amplificador empieza a hacer más sustain, y produce aquel tono blusero de los inicios de Led Zeppelin, AC/DC, Rolling Stones y Jack White. Es rugiente y contundente pero a la vez articulado. Por supuesto, en este momento el amplificador tiene un volumen altísimo.

Algunos de los componentes principales del amplificador están empezando a recortar la señal. Teniendo cuidado con el ajuste de volumen del amplificador —usar la perilla de volumen de la guitarra es útil en este punto—, puedes probar lo "crujiente" que suena el amplificador o, en términos técnicos, lo que se está recortando del sonido del amplificador.

Ahora el amplificador no puede tener un volumen mucho más alto que el que tenía en un número más abajo en el dial de volumen. Una vez que empieza el recorte, sólo podrás agregar más distorsión.

Este fenómeno es el aspecto más importante de los amplificadores sin volumen general. La(s) perilla(s) de volumen actúan como la perilla de volumen en el estéreo sólo hasta cierto punto: el punto de recorte. **Cuando el amplificador alcanza el punto de recorte, la perilla de volumen se convierte en una perilla de distorsión**.

Un buen enfoque para crear tonos limpios con un amplificador sin volumen general es empezar con un tono crujiente.

CAPÍTULO SEIS | Cultivar tu estilo

PARA SELECCIONAR TONOS LIMPIOS GRUESOS CON UN AMPLIFICADOR SIN VOLUMEN GENERAL:

1. Mueve la perilla de volumen de la guitarra al máximo.
2. Ajusta la(s) perilla(s) de volumen del amplificador al sonido crujiente/distorsionado que desees.
3. Baja el volumen de la guitarra. El tono bajará de nuevo al sonido limpio.

¡Ahí tienes! Un amplificador de dos canales a tu disposición, ¡y ni siquiera has necesitado un pedal!

Un amplificador que responde bien al volumen de la guitarra se *limpia bien cuando lo bajas*. Claro, con un amplificador sin volumen general puedes también bajar el volumen simplemente tocando más suave, lo cual ya es mágico de por sí.

Dependiendo de la ganancia disponible con el amplificador que tengas y de lo buena que sea tu guitarra, puedes subir aún más la(s) perilla(s) del volumen del amplificador y de la guitarra y el tono será más distorsionado pero a la vez más suave: un sustain tipo violín a diferencia del tono crujiente e impactante en volúmenes más bajos. Algunos ejemplos de distorsión sustain suave son Cream, Jeff Beck, Eric Johnson y Allman Brothers Band.

Así que si realmente eres bueno con tus técnicas de toque y con el volumen de guitarra, puedes obtener tres tonos muy diferentes de un amplificador sin volumen general sin sacrificarte demasiado.

A veces, usar el volumen de guitarra puede ser frustrante, ya que bajarle el volumen a la guitarra puede cortar mucho los agudos, haciendo que los limpios suenen muertos y vacíos. Algunos músicos agregan condensadores de agudos a los controles de volumen para compensar esta deficiencia.

No puedo decir nada bueno sobre los condensadores de agudos. Hacen que los Humbuckers suenen tan delgados como bobinas únicas, y generalmente cambian por completo el carácter de la guitarra con la perilla de volumen baja. No obstante, respeto la decisión de algunos guitarristas de usarlos. Pero si estás muy frustrado con la perilla de volumen de la guitarra, un pedal de volumen con búfer es la mejor opción.

Pasar un tiempo aprendiendo a dominar una bestia sin volumen general te ayudará mucho a entender mejor los amplificadores. Con los tapones para los oídos y tu guitarra favorita, prueba a estar solo en un cuarto insonorizado con un Marshall Plexi de 50 W o Fender Tweed Twin (reediciones, claro) en la tienda de guitarras de tu localidad.

Puenteo de canales en amplificadores antiguos o reediciones de amplificadores

Hablando de reediciones de amplificadores, me gustaría hablar un poco del puenteo de canales en los amplificadores de estilo antiguo.

Muchos amplificadores de estilo antiguo tienen dos canales, y cada canal tiene sus dos entradas propias. Estos amplificadores de dos canales generalmente no se comportan de la misma forma que los amplificadores modernos con conmutación de canales. En lugar de ello, los canales en los amplificadores de tipo antiguo son puntos separados y de entrada relativamente igual, mezclados juntos internamente una vez que cada entrada haya pasado por su primera etapa de ganancia y perilla de volumen, pero antes de la última etapa de ganancia de preamplificación y controles de tonos. Generalmente, uno de los canales sonará más brillante que el otro.

Este arreglo se llama "canales puenteados" y su equivalente es conectarse a los dos canales al mismo tiempo.

El propósito de los canales múltiples en los amplificadores antiguos era permitirte conectar tu guitarra, el bajo de tu primo y el acordeón de tu hermana a un solo amplificador para una banda preconfeccionada de rock' roll. Esto era posible porque cada canal tenía dos conectores de entrada unidos a través de un resistor relativamente pequeño.

Sin embargo, los guitarristas descubrieron rápidamente que podían conectarse a ambos canales a la vez. El puenteo de canales te permite combinar ambos canales en conjunto para que tu tono suene formidable con la mezcla de ambos canales mediante el uso de sus respectivos controles de volumen.

PARA TOCAR CON UN AMPLIFICADOR CON CANALES PUENTEADOS:

1. Conecta la guitarra a la entrada principal de uno de los canales.

2. Toma un cable de guitarra corto —también conocido como patch, jumper, cable de conexión o de puenteo— y conecta un extremo en la segunda entrada del canal al que conectaste la guitarra.

3. Conecta el otro extremo del cable de conexión en la entrada principal del otro canal.

4. Usa ambas perillas de volumen para mezclar el canal normal y el brillante para obtener el sonido que desees. Cuando quieras subir el volumen del amplificador al máximo, tendrás que subir ambas perillas de volumen.

Si ves a alguien tocando un Marshall sin volumen general, casi siempre estará configurado de esta forma, ya que cada canal es de por sí demasiado brillante o demasiado oscuro.

Tocar con un amplificador de volumen general

Un amplificador con una perilla de volumen general puede utilizarse de dos formas.

Parte dos | Ajuste de tu tono

El método habitual para usar la perilla de volumen general es:

1. Girar la perilla de volumen general bajándola por completo para que tocar en voz baja.

2. Girar la perilla de ganancia elevándola hasta que el amplificador suene lo suficientemente fuerte para ti.

Este enfoque es divertido y no implica romperte los tímpanos. El siguiente enfoque es tratar al amplificador de volumen general como si fuera un amplificador sin volumen general.

🎧 ADVERTENCIA
Usa tapones para los oídos cuando subas el volumen general.

Para tocar con el amplificador de volumen general como si fuera un amplificador sin volumen general:

1. Sube la ganancia muy poco, a 1 o a 2.

2. Sube el volumen general tan alto como tu espacio de práctica te lo permita para que todo el amplificador empiece a "cocerse", no solo el preamplificador.

3. Agrega grosor, sustain y compresión al tono subiendo la ganancia en el preamplificador.

Aunque este enfoque es sin duda más ruidoso, te permite obtener sonidos más consistentes, y el tono general será más grueso y atractivo. ♪

¡Una buena guitarra con un buen amplificador hace que este británico reservado se convierta en un Británico rudo y cochino! ¡Ka-rrang!

pete trisonic

Capítulo siete

Bocinas

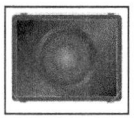

Con o sin el técnico

Las bocinas y los gabinetes pueden ser los componentes más frustrantes con los que tienen que lidiar tanto los guitarristas como los fabricantes. Elegir la bocina apropiada para la aplicación apropiada puede crear una sinergía maravillosa que te lleva exactamente a donde quieres ir. Elegir la bocina errónea puede hacerte sentir que has cometido un error gravísimo al seleccionar tus equipos.

El motivo de toda esta consternación es que las bocinas y los gabinetes de amplificadores de guitarra son diferentes a las bocinas y a los gabinetes de los estéreos. Las bocinas y los gabinetes de amplificadores para guitarra ofrecen una paleta tonal mucho más amplia.

PARTE DOS | Ajuste de tu tono

CUATRO ASPECTOS IMPORTANTES EN LOS QUE DIFIEREN LAS BOCINAS PARA GUITARRAS Y PARA ESTÉREOS:

- Respuesta de frecuencia.
- Eficiencia.
- Habilidad de manejo de potencia.
- Resonancia de gabinetes (se aborda en el **Capítulo ocho—Gabinetes**)

Respuesta de frecuencia

El objetivo al diseñar una bocina estéreo es cambiar (o translucir) la señal eléctrica que viene del amplificador a ondas de presión sonora de aspecto idéntico. El objetivo al diseñar una bocina para amplificador de guitarra es mucho más complicado. Con una bocina para guitarra, algunas frecuencias se acentúan por encima de otras, y el verdadero extremo alto del espectro de frecuencia está completamente girado (rolled-off).

La mayoría de las bocinas para guitarra tienen una respuesta de frecuencia algo plana (es decir, pareja o igual) desde aproximadamente 80 Hz (tu sexta cuerda Mi) hasta aproximadamente 2 kHz (un poco más alta que la fundamental de Mi en el 24^{avo} traste de la primera cuerda Mi).

Sin embargo, en algún punto entre 2 kHz y 4 kHz, la respuesta de la mayoría de las bocinas de guitarra para una determinada entrada se incrementa dramáticamente, produciendo un aumento en agudos que suele ser bastante deseable. La forma exacta de este aumento de agudos hace que haya una gran diferencia en el tono.

Por ejemplo, una Celestion Vintage 30 tiene una zona de aumento de agudos que empieza mucho más baja que una G12H30, y la bocina Blue tiene un área de aumento de agudos a una frecuencia aún mayor. Para ver la forma exacta de una curva de respuesta de frecuencia de una bocina en particular, consulta el sitio Web del fabricante.

CAPÍTULO SIETE | Bocinas

Dependiendo del gabinete, el resto del equipo y tu toque, una de estas bocinas funcionará mejor que las demás. En un gabinete de parte posterior abierta, la Vintage 30 puede tener un rango medio mucho más acentuado (honky) que la G12H30 o la Blue debido a la frecuencia más baja de la región de aumento. Sin embargo, en un gabinete de parte posterior cerrada esta región amplia de frecuencias de incremento puede crear un sonido más "grueso". Por estos motivos, generalmente sólo verás bocinas Vintage 30 (que en realidad soportan 70 W) en gabinetes con parte posterior cerrada.

Eficiencia

La otra gran diferencia entre bocinas de estéreos y bocinas de amplificadores de guitarra es la eficiencia. La eficiencia es un término de ingeniería que hace referencia a la cantidad de energía eléctrica que entra frente a la energía sonora que sale. La eficiencia se mide por lo fuerte que es un sonido (en dB) a una distancia de un metro con un vatio de potencia eléctrica que va hacia la bocina.

Las bocinas de estéreos sacrifican una eficiencia enorme para proporcionar una respuesta de frecuencia más plana y pareja. Una bocina de estéreo típica puede tener eficiencias en el rango de 84 a 88 dB/ 1 W/ 1 m. Una bocina de amplificador de guitarra típica puede tener eficiencias en el área de aumento de agudos de 100 dB / 1 W/ 1 m, con la Blue alrededor de los 103 d, ¡otro motivo por el que los amplificadores de guitarra suenan tan fuerte!

Los decibeles (dB) son una escala logarítmica de potencia similar en concepto a la escala de Richter para medir la intensidad de un terremoto. Para obtener 3 dB más de potencia acústica de una bocina, el amplificador tiene que emitir el doble de vatios. La diferencia entre una eficiencia de 88 dB y otra de 100 dB en las bocinas es como si el amplificador de guitarra tuviera 15 vatios más que el amplificador de estéreo.

Parte dos | Ajuste de tu tono

Habilidad de manejo de potencia

Las bocinas de amplificador de guitarra también se diferencian de las bocinas de los estéreos en la forma en que responden a las cantidades variables de potencia que se envían a ellas. El objetivo de una bocina de estéreo es reproducir exactamente la señal eléctrica que recibe, sin importar cuánta sea la potencia enviada. Si mides la respuesta de frecuencia de una bocina de estéreo en varios volúmenes diferentes, la respuesta debe ser la misma.

Esto no ocurre con las bocinas de amplificadores de guitarra. La respuesta cambia cuando cambia la potencia que se les envía, de forma muy similar a la forma en que los amplificadores sin volumen general cambian de carácter cuando se ajusta la perilla de volumen. A cantidades muy bajas de potencia/volumen —a las que, desafortunadamente, se usan la mayoría de amplificadores de guitarra—, las bocinas para guitarras simplemente están ahí y no contribuyen al tono de ninguna manera.

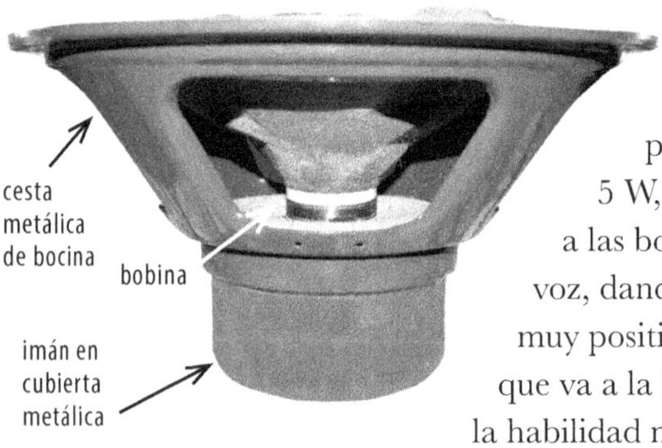

cesta metálica de bocina

bobina

imán en cubierta metálica

Ilustración 7.1 Bocina para guitarra fundida con bobina de voz de cobre desplazada enrollada en formador de bobina blanca

A medida que la cantidad de potencia que se envía a los amplificadores se mueve por encima de, por ejemplo, 3 ó 5 W, la potencia creciente despierta a las bocinas y empiezan a mostrar su voz, dando "color" al sonido de forma muy positiva. A medida que la potencia que va a la bocina se incrementa más hacia la habilidad máxima de manejo de potencia de la bocina, la bocina empieza a distorsionarse, lo cual es similar al recorte en un amplificador (ver el *Capítulo catorce—Principios básicos de distorsión*).

Las diferentes marcas y modelos de bocinas agregan características de respuesta de frecuencia, "coloración" individual y cualidades de distorsión únicas a tu tono, por eso hay tantas opciones de bocinas a tu disposición.

Capítulo siete | Bocinas

Las bocinas distorsionadas son un componente clave del tono clásico de los años cincuenta, sesenta y setenta, así que para un tono antiguo más clásico, usa una bocina con una capacidad idéntica o próxima al vataje máximo del amplificador.

Los tonos modernos profesionales normalmente se obtienen a través de una bocina más limpia que no esté necesariamente quebrándose o alcanzando el overdrive, así que para tonos más modernos, usa una bocina con una capacidad más alta de vataje que la que te pueda dar el amplificador. Electro Voice fabrica algunas bocinas buenas para potencias altísimas (como 300 W), muy populares entre los músicos de jazz.

Los tonos metálicos modernos se suelen hacer con bocinas de potencias bastante altas. Un arreglo común usado por muchas bandas metaleras consiste en cuatro bocinas Celestion G12T-75 de 12 plg y 75 W para un total de 300 W de habilidad de manejo de potencia.

La ilustración 7.2 muestra las características generales de bocina que se han de tener en cuenta cuando se busque un tono antiguo clásico o un tono moderno más limpio.

CLÁSICOS Tonos Antiguos	**MÁS LIMPIOS** Tonos Modernos
Baja potencia	Alta potencia
Diámetro de 8 plg, 10 plg, 12 plg ó 15 plg	Diámetro de 12 plg
Una o dos bocinas por gabinete	Cuatro bocinas
Cono más ligero (cáñamo)	Cono más duro (aluminio)
Imanes de AlNiCo	Imanes de cerámica

Ilustración 7.2
Características de bocina según tipo de tono

Parte dos | Ajuste de tu tono

Anatomía de una bocina de amplificador de guitarra

Las bocinas son similares a un motor eléctrico, cuentan con dos campos magnéticos que interactúan para activarlos. El imán de la bocina produce un campo magnético fijo.

El imán tiene un hoyo en el centro, dentro del que se coloca un tubo similar al tubo de cartón de un rollo de papel higiénico. El tubo se llama "carrete de bobina de voz" (voice coil former) y suele ser de papel, nomex o poliemida. El tubo está enrollado con un alambre llamado "bobina de voz" (voice coil).

Hace un tiempo mandé tanto voltaje a una bocina que la bobina de voz se disparó de su orificio en el imán, dañando el cono de papel de la bocina. Asombrosamente, el carrete y la bobina están intactos.

La ilustración 7.1 es una imagen de la bocina fundida que muestra el alambre de cobre de bobina de voz enrollado alrededor del carrete de bobina blanca. En una bocina en buenas condiciones, la bobina de voz y el carrete estarán en el orificio del imán en forma de rosquilla, y no se verá. La ilustración 7.3 muestra el frente de esta misma bocina fundida.

El carrete de bobina está cubierto por un guardapolvo que protege el interior del carrete contra el polvo.

Cuando la corriente eléctrica del amplificador pasa por la bobina de voz, la corriente crea un campo magnético. El campo magnético permanente creado por el imán de la bocina repele y atrae este campo magnético de forma alterna. La interacción entre los dos campos magnéticos hace que la bobina de voz, con su carrete, se mueva hacia adelante y hacia atrás dentro del agujero del imán de la bocina.

El cono de la bocina, que se usa para empujar y jalar aire, está acoplado al carrete de bobina de voz. El movimiento del carrete

Capítulo siete | Bocinas

de bobina de voz mueve el cono y transfiere la energía de la bobina al material de cono rígido. El cono está ajustado al marco de metal llamado cesta mediante un material flexible de goma llamado suspensión, que permite que el cono se mueva hacia adelante y hacia atrás, manteniendo su posición lateral.

Como puedes imaginar, el tamaño y los tipos de materiales usados para todos los componentes causan un impacto enorme en el tono de las bocinas y en la potencia que pueden soportar.

AL SELECCIONAR UNA BOCINA, SE DEBEN CONSIDERAR LOS SIGUIENTES ELEMENTOS:

- Material magnético.
- Material de cono de bocina.
- Impedancia.
- Diámetro.
- Fabricantes.

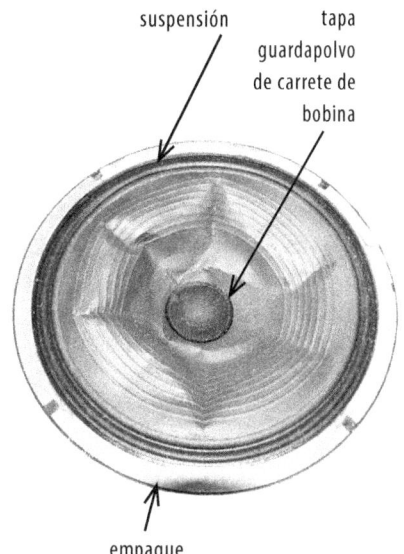

Ilustración 7.3
Bocina para guitarra fundida con material duro arrugado de cono de bocina

Material magnético

El material magnético más antiguo para bocinas y pastillas de guitarra es una mezcla de metales (conocida como aleación) llamada AlNiCo (en español, álnico), que significa aluminio, níquel y cobalto. De los materiales tradicionales que se usan para crear imanes, AlNiCo es particularmente efectivo: no se necesita mucho material magnético para obtener una fuerza específica de campo magnético.

AlNiCo era el material de imán de bocinas preferido hasta que llegó la Guerra Fría. A comienzos de los sesenta, los gobiernos de EE. UU. e Inglaterra necesitaban cobalto para reforzar las aspas

PARTE DOS | Ajuste de tu tono

de las turbinas y otros componentes de metal sometidos a mucho esfuerzo, lo cual hizo que el precio del cobalto aumentara de forma dramática. De repente, la industria de las bocinas tuvo que encontrar un material magnético nuevo.

El material magnético de preferencia pasó a ser la cerámica, que obtiene sus propiedades magnéticas del hierro (también llamado imán de ferrita). Desafortunadamente, para obtener la misma fuerza de campo magnético que un imán de AlNiCo, un imán de cerámica requiere casi el doble de masa.

Pero, más importante aún, los imanes de cerámica crean tonos y características de ruptura muy distintos a los imanes de AlNiCo. A medida que fuerzas una bocina de AlNiCo hacia la distorsión (una distorsión creada por la bocina en sí), se distorsiona temprano y produce una ruptura más suave que los imanes de cerámica. Por otro lado, las bocinas de imanes de cerámica suelen sonar limpias durante más tiempo y cuando se quiebran tienen un "ladrido" mucho más fuerte.

Esta diferencia en tono de ruptura entre imanes de AlNiCo y de cerámica es más pronunciada en las bocinas de vatajes más altos. Por ejemplo, la Greenback de imán de cerámica de 25 W es una bocina muy suave, mientras que una G12T-75 de 75 W de imán de cerámica tiene un impacto mucho más crujiente.

ALNICO IMANES DE	CERÁMICA IMANES DE
Se distorsiona temprano	Se mantiene limpio
Quiebre suave	Más "ladrido"
Ligero	Pesado
Un tono más antiguo	Un tono más moderno

Ilustración 7.4
Imán para bocinas de AlNiCo vs. de cerámica

En general, cuando estés buscando un sonido más antiguo, usa bocinas de baja potencia y usa las de alta potencia para sonidos más modernos. Pero si buscas una sensación realmente antigua, consigue una bocina de AlNiCo, que desafortunadamente será más cara, pero valdrá la pena.

NIB

Recientemente, los fabricantes de bocinas han estado usando imanes de neodimio ("neo", para abreviar). Estos imanes no son de neodimio puro, sino que en realidad contienen la aleación $Nd_2Fe_{14}B$ (donde Nd es neodimio, Fe es hierro y B es boro). La abreviación NIB (neodimio, iron [hierro] y boro) suele utilizarse a menudo para denominar este material.

NIB es el material magnético permanente más potente que existe hoy día. ¿Has visto esos curiosos imanes excepcionalmente fuertes en las tiendas? Están hechos de NIB. El NIB es un imán tan fuerte que se debe manipular con cuidado, ya que puede borrar un disco duro o una unidad USB así como las tiras magnéticas de las tarjetas de crédito. Dos de estos imanes pueden atraerse desde varias pulgadas de distancia y chocarse con tal fuerza que puedes terminar en el hospital.

En bocinas, el NIB es absolutamente fantástico para la reducción de peso. Por ejemplo, una Eminence Tonker tiene un imán de cerámica con un peso de 59 onzas (1.67 kg). Pero Eminence ha creado hace poco una TonkerLite con el fin de que sea prácticamente la misma bocina con un imán NIB de 4 onzas (0.11 kg).

En lo que respecta al tono, las bocinas NIB producen un quiebre aún más nítido que las de cerámica, así que no las recomendaría para aplicaciones de sonidos antiguos, pero para jazz o metal nítido son formidables.

Material de cono de bocina

Los materiales de cono de bocina son otra fuente de variación tonal. La mayoría de las bocinas están hechas con conos de papel de fibra de madera, pero algunas están hechas de aluminio e incluso de cáñamo.

Una de las principales preocupaciones sobre los conos de bocinas es con qué precisión pueden llevarle el paso al movimiento de la bobina de voz y al carrete.

A medida que la frecuencia de la señal aplicada a la bobina de voz se incrementa a más de 4 kHz, la masa y la estructura nada rígida del cono hacen que el sonido producido por la bocina empiece a caer rápidamente. Este descenso a altas frecuencias es en realidad bastante deseable en amplificadores de guitarra, pues evita zumbidos logrando tonos suaves, y ese es el motivo por el cual no ves tweeters (bocinas de agudos) en amplificadores de guitarra.

Fibra de madera

La fibra de madera (papel) es el estándar para la construcción de bocinas tanto para estéreos como para amplificadores de guitarra. Las fibras de madera son fuertes pero tienden a ser relativamente cortas. Por desgracia, las fibras cortas hacen algo difícil transmitir tonos de altas frecuencias desde la bobina de voz en el centro del cono hasta los bordes. No obstante, las bocinas de papel siempre han estado presentes, así que los fabricantes son muy buenos creándolas y afinándolas para que funcionen bien.

Conos de aluminio

Si miras los conos de papel de bocinas de cerca verás un montón de crestas que los hacen más rígidos. Usar un material como el aluminio incrementa mucho la rigidez del cono, permitiendo que las bocinas produzcan frecuencias más altas con más facilidad. Sin embargo, un giro de los agudos elimina frecuencias altas, lo cual es muy bueno para las bocinas de amplificadores de guitarra. Así que usar bocinas de aluminio en amplificadores de guitarra produce tonos bastante ásperos.

Sin embargo, las bocinas de aluminio se han usado en amplificadores de bajos con efectos maravillosos. En general, los bajos suenan bien con bocinas de respuesta de alta frecuencia, de manera que todos los armónicos de las cuerdas del bajo se manifiestan.

Conos de cáñamo

Hay varios fabricantes que han usado la fibra de cáñamo como material para conos de bocinas. El cáñamo es la parte externa de los tallos de la planta de cannabis común y se ha usado durante más de 7000 años para la creación de papel, sogas, ropas y lienzos (la palabra "canvas" ["lienzo" en inglés] se deriva en realidad de la palabra "cannabis"). La Carta Magna, la mayoría de biblias de Gutenberg, la Biblia del Rey Jacobo, así como los borradores de la declaración de Independencia y la Constitución de los EE. UU. se crearon con papel de cáñamo.

Gracias a sus fibras largas, el cáñamo es mucho más fuerte que cualquier otra fibra vegetal. Además, el papel de cáñamo es mucho más ecológico para cultivar, cosechar y procesar que la fibra de madera.

No sólo eso, pues a diferencia de las fibras de madera, las fibras de cáñamo no necesitan los baños ácidos para hacerlas más flexibles. El procesamiento con ácido hace que el papel de madera termine desintegrándose, así que las bocinas con conos de papel tienen un mecanismo de autodestrucción incorporado.

Las primeras bocinas para amplificadores de guitarra con conos de cáñamo sonaban algo lúgubres, de forma que estas bocinas son formidables para tonos de blues y antiguos. Algunos fabricantes han estado aplicando un tratamiento de enzimas y usando otros métodos para suavizar y afinar estos conos con muy buenos resultados.

Se necesita trabajar aún más en el uso del cáñamo para los conos de bocinas tanto para amplificadores de estéreo como de guitarra. El no tener un suministro de confianza ha obstaculizado mucho el interés en este ámbito, pero con la disponibilidad del papel de cáñamo aparentemente en aumento esperamos ver más de estos tipos de bocinas en el futuro.

Diámetro de bocina

Los tamaños de bocinas están clasificados por el diámetro normal del cono en pulgadas, generalmente de ocho, diez, doce y quince pulgadas.

Bocinas de ocho pulgadas

Las bocinas de ocho pulgadas suelen ser monofacéticas y su aplicación más famosa se encuentra en el Fender Champ. Las bocinas de ocho pulgadas son también muy adecuadas para amplificadores de armónicos. Algunas empresas crean amplificadores especializados para armónicos que usan bocinas múltiples de ocho pulgadas.

Bocinas de diez pulgadas

Las bocinas de diez pulgadas se suelen usar en pares o en grupos de cuatro. Por ejemplo, un Fender Tweed Super usa dos, mientras que un Fender Tweed Bassman y un Blackface Super Reverb usa cuatro. Las bocinas de 10 pulgadas no ofrecen los bajos de las bocinas más grandes, pero usadas en pares o grupos de cuatro vuelven a agregar los bajos al sonido.

Debido al bajo agregado y al grosor en general, usar dos o más bocinas en un gabinete puede sonar mucho mejor que usar sólo una. Desafortunadamente, el tamaño y el peso suelen limitarse a los amplificadores tipo combo a una bocina. Si quieres un combo con dos bocinas pero no quieres el peso de dos de 12 plg, dos de 10 plg puede ser la solución.

CAPÍTULO SIETE | Bocinas

Bocinas de doce pulgadas

Las bocinas de doce pulgadas son las más usadas en gabinetes de bocinas para amplificadores de guitarra. Las bocinas de doce pulgadas ofrecen el bajo que las de diez pulgadas no tienen, emitiendo al mismo tiempo una auténtica pegada. Las de doce pulgadas también ofrecen una mayor variedad en lo que respecta al tono, ya que hay muchos modelos donde elegir.

Los omnipresentes gabinetes de 4 x 12 tienen cuatro bocinas de 12 plg y producen sonidos formidables cuando las fuerzas con ganas.

> 🎧 **ADVERTENCIA**
> Ponte los tapones cuando fuerces cuatro bocinas de 12 plg.

Si nunca has tenido el honor de colocar un amplificador sin volumen general de 100 W al máximo a través de uno o más gabinetes de 4 x 12, tienes que hacerlo ahora mismo. Necesitarás un salón muy grande y no podrás ponerte cerca del amplificador, pero valdrá la pena—o te estarás perdiendo una experiencia clave en tu vida—. Pero no pases mucho tiempo frente a esta configuración, y usa tapones para los oídos.

Bocinas de quince pulgadas

Las bocinas de quince pulgadas no se ven mucho estos días. Fender usó la P15N de AlNiCo de 15 plg de Jensen en su Tweed Pro, y una C15P Jensen en el Blackface Pro Reverb. Ambos amplificadores tenían gabinetes con parte posterior abierta.

El Showman blanco (Blonde) 2 x 15 usaba bocinas de 15 plg JBL D-130F ó JBL D-140F en un gabinete con parte posterior cerrada. La habilidad de los gabinetes Showman para proyectar el sonido hasta el fondo del salón es legendaria.

Son comunes los conceptos erróneos sobre las bocinas de 15 plg. Usualmente se piensa que son oscuras y huecas y probablemente más adecuadas para un amplificador de bajo, que no es el caso de

PARTE DOS | Ajuste de tu tono

ninguna manera. El sonido de la Jensen P15N de 15 plg es muy equilibrado a través del rango de frecuencias y no es para nada oscuro. De hecho, diría que para tonos de estilo antiguo, la P15N en un gabinete de parte posterior abierta es una de las mejores bocinas que he oído.

Fabricantes de bocinas

Celestion

La empresa Celestion era una de las pocas que producían las bocinas Celestion en Inglaterra. Las bocinas Celestion se suelen asociar con los amplificadores Marshall y Vox; una gran parte del carácter distintivo de estos amplificadores británicos son sus bocinas. Con los años, a Celestion le gustaba modificar el diseño con nuevas tiradas de producción, de manera que el mismo modelo podía sonar diferente de un año a otro. Muchas Celestion antiguas aún existen, y es interesante cambiarlas para oír los diferentes tonos de cada bocina individual.

Hoy en día, Celestion es propiedad de una empresa china que fabrica la mayoría de sus bocinas en China, aunque algunas aún se fabrican en Gran Bretaña, particularmente las series Blue y Heritage. Para mí, las bocinas chinas no son lo mismo que las bocinas inglesas, y los precios de las bocinas fabricadas en el Reino Unido reflejan esta diferencia de calidad.

G12H30

La G12H30 de Celestion es una bocina articulada con una capacidad máxima de 30 W. Esta bocina, estándar en los gabinetes Marshall de fines de los sesenta a los setenta, la usó desde Jimi Hendrix hasta AC/DC. Celestion ofrece ahora numerosas variaciones del modelo G12H30, y la Heritage es su mejor oferta.

Me gusta mucho la G12H30 por su bajo con pegada y su rango medio, que es contundente sin tener el rango medio demasiado elevado ("honky"). La G12H30 es igual de buena en gabinetes de parte posterior tanto abierta como cerrada.

Greenback

La Greenback (también conocida como G12M25) de Celestion tiene una capacidad de 25 W, y se usó en los gabinetes antiguos de Marshall. Aunque las Greenback son menos eficientes que las G12H30 (97 dB en lugar de 100 dB/ 1 W/ 1 m), las Greenback ofrecen un incremento de agudos menos pronunciado y producen un sonido distorsionado extraordinariamente suave, al estilo de los Allman Brothers. En mi opinión, la Greenback es sin duda más adecuada para gabinetes de parte posterior cerrada, pero se han usado en gabinetes de parte posterior abierta, especialmente al combinar diferentes bocinas en un gabinete para un sonido más completo.

Blue

La Celestion Blue es una bocina excepcional con una capacidad de 15 W pero, según mi experiencia, soporta fácilmente 22 W. La Blue AlNiCo ofrece un extremo alto particularmente campaneante y se usa en los AC30 de Vox (Beatles, Queen, U2, Tom Petty). La Blue es en realidad un diseño muy viejo que data de inicios de los años 40, como la igualmente antigua Jensen P12N, que ofrece algo especial en sus características de distorsión.

Los fabricantes siguen intentando crear una Blue de alta potencia, pero nadie lo ha conseguido. Y creo que nadie lo conseguirá. Me gusta la Blue en un gabinete de parte posterior abierta, pero también he oído amplificadores muy viejos Marshall 4 x 12 con gabinetes de parte posterior cerrada y bocinas Blue que suenan increíblemente bien.

Algo a tener en cuenta con todas las bocinas, pero especialmente con la Blue, es que cuando instalas una nueva, será muy brillante y rasposa. Hasta que se ablanden tras unas 40 horas de uso, todas las bocinas, especialmente las Blue, te darán un tono de "punzón en la frente".

Vintage 30

La Celestion Vintage 30 (V30) es una bocina muy popular usada por muchos fabricantes de amplificadores. La V30 es en realidad una bocina de 70 W con un incremento de agudos un poco más bajo que otras Celestion. Con un guitarrista adecuado (por ejemplo, Sonny Landreth), una V30 distorsionada puede causar sobretonos muy interesantes. Aunque la V30 puede sonar con frecuencias medias bastante acentuadas ("honky") en un gabinete de parte posterior abierta, suena muy bien en un gabinete de parte posterior cerrada.

Además de la V30, Celestion fabrica un número de bocinas de alta potencia que son más adecuadas a tonos modernos. De estas bocinas más modernas, la G12T-75 es un gran estándar tonal.

Jensen

Originalmente, Jensen era el proveedor principal de Fender, así que mucho del sonido Fender puede atribuirse a estas bocinas. Las Jensen antiguas están hechas de imanes AlNiCo y se suelen asociar con el sonido Fender Tweed. Los Blackface de Fender usan bocinas Jensen de cerámica, que contribuyen al sonido más limpio, nítido y brillante que tienen estos amplificadores.

Jensen dejó de fabricar bocinas para amplificadores de guitarra a fines de los años sesenta. Afortunadamente, a partir de la década de los noventa, SICA Altoparlanti, fabricante italiano, empezó a producir reediciones muy buenas. Si tu amplificador Fender nuevo no vino con una Jensen, prueba con una Jensen hecha por SICA.

Las bocinas AlNiCo P8R, P10R, P12N y P15N de la serie Jensen Vintage, así como la C12N de cerámica, son opciones excelentes para muchos amplificadores diferentes, no sólo Fender.

Si quieres una bocina AlNiCo que tenga aquel sonido antiguo pero con una respuesta de bajos de alta fidelidad —a diferencia de la Blue— y que no sea tan contundente como una Blue, la P12N es una opción excelente. Además de ser una bocina clásica de estilo antiguo, la P12N funciona muy bien en tonos modernos y pesados, ya que el bajo se mantiene firme y el extremo alto es más suave que muchas bocinas de cerámica. Las P12N son un poco caras, ya que son de AlNiCo —no te molestes en pagar por la cubierta extra de campana a menos que seas un auténtico maniático del orden y la limpieza—, pero sugiero experimentar con esta bocina ya sea solo con ella o en combinación con otras.

Eminence

Eminence es un fabricante estadounidense de bocinas con sede en Eminence, Kentucky. Aunque ha estado fabricando bocinas desde 1966, Eminence nunca ha obtenido la reputación de Jensen o Celestion.

Sin embargo, con la introducción de las series Patriot y Red Coat —que pretenden emular a Jensen y Celestion, respectivamente— Eminence se ha convertido en un proveedor excelente de bocinas de calidad. Eminence fabrica ahora más de 10000 bocinas al día y es un maravilloso ejemplo de fabricación estadounidense al más alto nivel.

Me ha encantado, en particular, la bocina Governor. Eminence afirma que esta bocina es similar a una Celestion Vintage 30, pero mis oídos me dicen que la Governor suena como una Celestion G12H30 de alta potencia (75 W). No me canso de elogiar a la Governor. Es igual de formidable en un "combo" con parte posterior abierta que en un gabinete de parte posterior cerrada de 2 x 12 ó 4 x 12, es de un precio razonable, y está hecha en los EE. UU.

Si quieres más bajos, las Wizard y Tonkers de Eminence también suenan muy bien.

PARTE DOS | Ajuste de tu tono

La Red Fang de AlNiCo es bastante decente porque logra un tono antiguo, pero no es una copia directa de la Blue, sino más próxima a una P12N. La Private Jack de Eminence es una Greenback un poquito más agresiva y funciona muy bien en gabinetes de parte posterior abierta y cerrada.

Teniendo en cuenta lo que cuestan, seguro que puedes experimentar con bocinas Eminence sin tener que romper la alcancía.

Ohmios

Como guitarrista, lo más tecnonerd que tendrás que entender son los ohmios. Los ohmios son simplemente una forma de medir lo que resiste (o se opone) un circuito al flujo de la corriente cuando se le aplica un voltaje… y podrás usarlos para moldear tu tono.

Los ohmios son la forma de medir la impedancia de CA y la resistencia de CC. Es importante conocer los ohmios del gabinete de la bocina así como los ohmios de cada una de las bocinas en el gabinete por dos motivos: la potencia general que va del amplificador a los gabinetes de bocina y la potencia que llega a cada bocina.

Me gusta usar la analogía del agua al hablar de ohmios. Digamos que conectas una manguera en la parte inferior de un barril con agua. El voltaje es la presión al inicio de la manguera que está conectada al grifo del barril[1]; la presión a la salida u otro extremo de la manguera es cero —equivalente a "tierra" en un circuito eléctrico—. La cantidad de corriente que fluye a través de un circuito (amperios) es equivalente a la cantidad de agua que fluye a través de la manguera por segundo.

Resistencia e impedancia

Piensa en la resistencia (medida en ohmios) como "¿cuánto flujo (amperios) obtengo para una determinada presión (voltaje)?"

CAPÍTULO SIETE | Bocinas

Matemáticamente, la resistencia es igual a voltaje dividido por corriente.

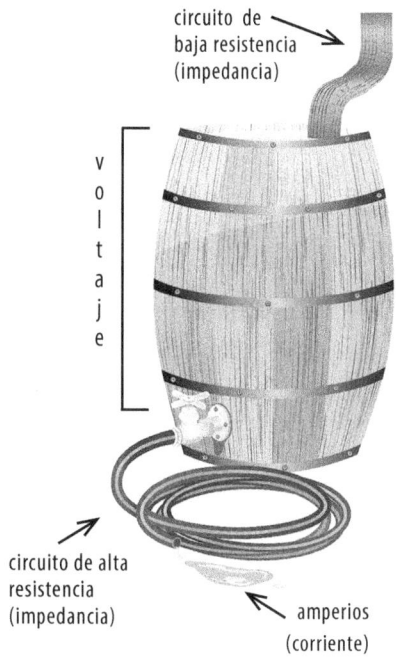

Resistencia = voltios ÷ corriente

Un circuito de alta resistencia (alto ohmiaje) es como una manguera delgada, mientras que un circuito de baja resistencia es como una manguera ancha.

Sin embargo, la analogía del agua presenta un pequeño problema en la vida real cuando consideras voltaje CC y voltaje CA. El voltaje CC siempre es el mismo, como el voltaje que produce una pila. El voltaje CA cambia constantemente en una onda repetitiva hacia arriba y hacia abajo, como el voltaje que sale del tomacorriente de la pared, de la guitarra o del amplificador.

Ilustración 7.5
Analogía de barril de agua para entender los ohmios

Al hablar de ohmios en un entorno de CC, hablamos de resistencia. Al hablar de ohmios en un entorno de CA, hablamos de impedancia. La impedancia CA en un circuito es igual a la resistencia de CC del circuito *además* de una resistencia que depende de la frecuencia del voltaje CA.

Una buena analogía para resistencia CC e impedancia CA es imaginar que empujas el auto hacia arriba en una pendiente. Si empujas el auto despacio, sólo estarás empujando contra la gravedad (que siempre está presente), al igual que la resistencia CC de un circuito. Si lo empujas muy rápido, no sólo empujas contra la gravedad sino también contra la resistencia del viento. La combinación de gravedad y resistencia del viento es análoga a la impedancia CA.

Así como la resistencia del viento depende de si el viento está soplando a favor o en contra tuyo —así como lo rápido que te mueves—, la impedancia CA de un circuito varía dependiendo de la frecuencia particular del voltaje CA que pasa por el circuito.

PARTE DOS | Ajuste de tu tono

Ohmios, en términos prácticos

Cuando mides los ohmios de una bocina con un ohmnímetro, estarás midiendo también la resistencia CC —a menos que tengas un medidor extraordinariamente complejo—. Pero cuando ves las especificaciones de una bocina, verás rotulada la impedancia, no la resistencia. Esto se debe a que la bocina convierte señales CA en sonido, y no sabe qué hacer con las señales CC. Del mismo modo, el reverso del amplificador de tubos tendrá un selector de impedancia, no un selector de resistencia porque tu amplificador de tubos sólo produce señales CA.

¡No te preocupes! La resistencia CC de una bocina está estrechamente relacionada con la impedancia CA a través de la mayor parte del rango de frecuencia de la guitarra. Así que si tienes una bocina que no tenga una impedancia rotulada, puedes simplemente medir su resistencia con un ohmiómetro, y la lectura de la resistencia será ligeramente inferior a la impedancia promedio de dicha bocina.

PARA DETERMINAR LA IMPEDANCIA DE UN GABINETE DE BOCINA USANDO UN VOLTIO-OHMÍMETRO:

1. Ajusta el medidor para que mida la resistencia.
2. Conecta el cable de bocina al gabinete.
3. Mide la resistencia entre la punta y la funda en el otro extremo del cable de bocina —el extremo que se conectará al amplificador—.
4. Redondea la medición de resistencia a la impedancia más próxima a la que proporciona tu amplificador.
5. Usa la selección más alta de impedancia en el amplificador cuando la resistencia CC del gabinete esté sobre la impedancia más alta que disponga tu amplificador.

Capítulo siete | Bocinas

Impedancia y potencia emitida por el amplificador

La siguiente explicación de potencia y ohmios de bocina se aplica a amplificadores de guitarra, bajo, teclado, estéreos, equipo de sonido de auto o de cualquier otro tipo que te podrás encontrar.

Para entender la potencia que envía el amplificador al gabinete de bocina tenemos que mencionar un par de ecuaciones matemáticas que describen el comportamiento de la electricidad que está produciendo el amplificador. No te asustes, son ecuaciones bastante simples.

$$\text{Corriente} = \text{Voltaje} \div \text{Impedancia}$$

Esta ecuación se conoce como la ley de Ohm y no es más que una redisposición de la ecuación de resistencia. Georg Ohm hizo muchos descubrimientos tempranos sobre la electricidad, en particular esta ecuación, y ahora llamamos ohmios a la unidad de medida de resistencia e impedancia. La ley de Ohm dice que a más pequeña la impedancia de un circuito, más corriente fluye dentro del circuito para un voltaje determinado.

Usando la analogía del barril de lluvia, para una altura dada de agua en el barril (voltaje), a más ancha la manguera que sale del barril (impedancia más pequeña), más rápido saldrá el agua del barril (más corriente). De otro modo, a más alto el nivel de agua en el barril, más rápido saldrá el agua por la manguera (la altura del agua en el barril determina la presión de agua). Esta presión es como el voltaje en un circuito.

$$\text{Potencia} = \text{Voltaje} \times \text{corriente}$$

Esta ecuación es la definición de potencia eléctrica medida en vatios o watts —en honor a James Watt, que inventó el motor a vapor práctico—. En otras palabras, una bombilla de luz de 60 vatios permite que pase ½ A de corriente al aplicársele 120 V. 120 V x ½ A = 60 W.

Parte dos | Ajuste de tu tono

Si aplicamos la ecuación del señor Ohm a la del señor Watt, tenemos:

$$\text{Potencia} = \text{voltaje}^2 \div \text{impedancia}$$

Sería útil considerar la ecuación de potencia desde un punto de vista de voltaje e impedancia para visualizar algunos de los siguientes conceptos. Así que, en términos prácticos, usando la bombilla de luz de 60 vatios, 120 voltios ÷ (½ A) = 240 ohmios; y con la ecuación de potencia: 120 voltios × 120 V. ÷ 240 ohmios = 60 vatios.

Como curiosidad histórica, los amperios —la medición del flujo de corriente— se llaman así en homenaje a André-Marie Ampère quien, al igual que Georg Ohm, fue un pionero importante en el entendimiento de la electricidad. A Ampère se le considera el padre de los motores eléctricos. Del mismo modo, los voltios se llaman así por Alessandro Volta, quien inventó la pila eléctrica. Y ya que estamos en este plan, los hertzios nos recuerdan a Heinrich Hertz, que fue un físico que trabajó con electromagnetismo.

Bueno, esa fue la lección de matemáticas e historia de hoy. Ahora veamos cómo funcionan los amplificadores en la realidad.

Amperios y ohmios en transistores

Volviendo a la analogía del barril con agua, imagina que tener un amplificador de transistores es como tener una tubería de agua entrante en la parte superior del barril que sea infinitamente grande (o que tenga una impedancia cero). En este caso, no importa lo grande (ancha) que sea la manguera que salga del barril (lo bajo que sea el ohmiaje de la bocina), la altura del agua en el barril (con el voltaje producido por el amplificador) no variará.

En la última ecuación de potencia:

$$\text{Potencia} = \text{Voltaje}^2 \div \text{impedancia}$$

CAPÍTULO SIETE | Bocinas

Vemos que a más pequeña sea la impedancia, mayor potencia produce el amplificador —asumiendo que el voltaje no cambia a medida que aumenta la potencia, lo cual es exactamente lo que ocurre en los amplificadores de transistores—.

Así que, si quieres más potencia en un amplificador de transistores, usa una(s) bocina(s) de menos impedancia. A menor la impedancia, mayor será la corriente que llegue del amplificador. Debido a que el voltaje se mantiene igual independientemente de la corriente que llegue, el amplificador hará llegar más potencia a los amplificadores a medida que se incremente la corriente (el amperaje).

Sin embargo, si miras las especificaciones en la parte posterior de un amplificador de transistores, es muy probable que encuentres una advertencia para usar algo así como "4 Ohms Minimum" ("mínimo de 4 ohmios"). Si conectas bocinas al amplificador de cualquier forma que cause que el amplificador vea menos de 4 ohmios (o cualquiera que sea el límite mínimo de ohmios que tenga tu amplificador), estarás excediendo la habilidad del amplificador de enviar corriente. Si se excede la capacidad del amplificador para entregar corriente, se soltará un fusible, que se sueltan cuando hay mucha corriente que pasa a través de ellos.

> **ADVERTENCIA**
> Nunca bajes a menos del mínimo ohmiaje de un amplificador de transistores, o los fusibles sandrán disparados o se fundirán.

Obtener una baja potencia del amplificador de transistores es una forma excelente de experimentar distorsión de amplificador de potencia de transistores a volúmenes bajos. Para reducir la potencia producida por un amplificador de transistores, usa el arreglo de más alta impedancia que pueda emitir el gabinete.

Amplificadores de tubos y ohmios

Aunque los tubos son mucho mejores que los transistores creando buenos tonos, los tubos también difieren en la forma en que emiten potencia a la(s) bocina(s).

Los amplificadores de tubos difieren fundamentalmente de los amplificadores de transistores cuando subes el volumen. A medida que subes el volumen y se extrae más corriente del amplificador de potencia, el voltaje que produce el amplificador de potencia no se mantiene constante, como ocurre con los amplificadores de transistores. Entre más corriente se extrae del amplificador de potencia, el voltaje producido por el amplificador de potencia cae.

$$\text{Potencia} = \text{Voltaje} \times \text{Corriente}$$

Como lo demuestra esta ecuación de potencia, si el voltaje empieza a caer a medida que la corriente empieza a subir, es complicado determinar en qué momento el amplificador produce una máxima potencia. No puedes conectar la bocina con la más baja impedancia posible porque la corriente incrementada extraída por la bocina hará que caiga el voltaje de salida del amplificador.

Con los amplificadores de tubos no podemos asumir que la tubería que entra en la parte de arriba del barril es tan grande como lo es con un amplificador de transistores. La tubería entrante tiene una canaleta más pequeña. Debido a la manera en que funcionan los amplificadores de tubos, a medida que el agua se retira más rápidamente desde el fondo del barril, el nivel del agua en el barril empieza a caer. Entre menos presión, más se empuja el agua hacia afuera, y sale menos rápido.

En términos eléctricos, la impedancia interna de un amplificador de tubos no es cero, como lo es con un amplificador de transistores. La ley de Ohm muestra que la impedancia interna de un amplificador de tubos interactúa con la corriente producida por el amplificador. Esta interacción crea un voltaje a través de la impedancia interna y, por tanto, una potencia disipada o consumida por la impedancia interna. El voltaje a través de

CAPÍTULO SIETE | Bocinas

la impedancia interna se extrae del voltaje general producido por el amplificador, así que el voltaje que va a las bocinas es menor. Dicho de otro modo: no toda la potencia que produce el amplificador va a las bocinas, ya que el amplificador consume algo de potencia.

> Potencia recibida por la bocina = Potencia creada por el amplificador − Potencia disipada por la impedancia interna

¿El remedio fácil? Aunque suene complicado deducir cómo obtener la máxima potencia de un amplificador de tubos, afortunadamente existe una solución.

PARA OBTENER LA MÁXIMA POTENCIA DE UN AMPLIFICADOR DE TUBOS:

1. Haz que la impedancia del gabinete de bocina sea igual a la impedancia interna del amplificador.

La mayoría de amplificadores de tubos ofrecen salidas múltiples para que puedas usar gabinetes de bocinas de 4, 8 ó 16 ohmios, pero la impedancia interna del amplificador no es 4, 8 ó 16 ohmios. El transformador de salida convierte la impedancia interna del amplificador a estos niveles de impedancia tan prácticos. Sin embargo, el transformador de salida no puede convertir la impedancia interna del amplificador a cero y hacer que el amplificador de tubos actúe como un amplificador de transistores.

Cuando la impedancia de salida del amplificador sea igual a la impedancia de las bocinas, se disiparán cantidades iguales de potencia en el amplificador y en las bocinas.

La potencia disipada en el amplificador se vuelve calor en los tubos de potencia y en el transformador de salida. La potencia que llega a las bocinas se convierte en potencia acústica que llega a la habitación, así como en calor en la bobina de voz. Los amplificadores de tubos están diseñados para encargarse de disipar la mitad de la potencia máxima que producen dentro del amplificador, pero no están diseñados para disiparla toda.

Cuando usas el amplificador al máximo —con todos los volúmenes generales al máximo— para que produzca una máxima potencia, igualar la impedancia de la bocina con la impedancia del amplificador es muy importante. Si no igualas las impedancias, *más de la mitad* de la potencia generada por el amplificador se disipa en el amplificador, y puede que los tubos y/o el transformador de salida se sobrecalienten. Las impedancias están diseñadas sólo para disipar la mitad de la potencia que el amplificador es capaz de producir.

> **ADVERTENCIA**
> Tocar con el amplificador de tubos a máxima potencia con impedancias de bocinas mal ajustadas causará que el transformador de salida y los tubos se sobrecalienten y probablemente se incendien.

Si usas el amplificador de tubos sin bocina alguna (impedancia infinita), los tubos y el transformador de salida tendrán que absorber toda la potencia del amplificador, lo que seguro fundirá algo por ahí dentro.

Además, si no se tiene una bocina conectada a un amplificador de tubos pueden crearse picos y zumbidos en la forma de onda de salida. La impedancia compleja de una bocina actúa como un "amortiguador", evitando que ocurran picos y chirridos.

> **ADVERTENCIA**
> Usa siempre el amplificador de tubos con una bocina u otra carga conectada a la salida de bocinas. Si tocas con el amplificador de tubos sin bocinas se generarán picos y chirridos que terminarán por fundirlo.

Los picos y zumbidos pueden imaginarse como un martillo golpeando el transformador de salida al pico de cada onda, haciendo que el transformador suene como una campana. El inicio de cada campaneo es un pico grande de voltaje. Estos picos de voltaje pueden ser lo suficientemente grandes como para perforar el aislamiento de los devanados de alambre del transformador y causar un cortocircuito —lo cual creará chispas y dañará bastante el amplificador—.

> 💣 **ADVERTENCIA**
> Las cargas ficticias/atenuadores también pueden causar picos de voltaje en el transformador de salida. Los picos de voltaje freirán el transformador de salida como si el amplificador no tuviera carga, incluso si las impedancias son las apropiadas. Por este motivo, muchos fabricantes invalidarán la garantía si usas una carga ficticia o un atenuador. 🎵

Notas al final del capítulo

1. La presión al inicio de la manguera depende directamente de la altura del agua en el barril.

Me aficioné a tocar la guitarra a una edad temprana, al oír a esos músicos tan especiales que te hacen sonreír cuando escuchas la forma en que frasean sus líneas con una vibra tanto rítmica como emocional. Quiero convertirme en ese tipo de músico, y eso es lo que me motiva a seguir practicando, observando, aprendiendo, leyendo y, desafortunadamente, ¡a seguir adquiriendo equipos nuevos y experimentando con ellos!

Stuart Vessels
V-Groove
www.v-groove.net

Capítulo ocho

Gabinetes

Con o sin el técnico

Así como las bocinas de amplificadores de guitarra son muy diferentes de las bocinas de estéreos, los gabinetes de bocinas de guitarra son muy diferentes de los gabinetes de bocinas de estéreos.

Con los gabinetes de bocinas para estéreos, el material perfecto es el cemento. He visto varias adiciones de cemento en casas que son gabinetes de bocinas incorporados. Busca en Google "concrete speaker cabinets" (gabinetes de bocinas de cemento) y encontrarás sitios Web para gabinetes portátiles, así como imágenes y diseños para la construcción de gabinetes de cemento en los cimientos de una vivienda.

El objetivo de un gabinete de bocina de estéreo es proporcionar el volumen de aire necesario para que el diseño de bocina funcione, siendo tan rígido como sea posible con poca o ninguna resonancia (movimiento del gabinete), de ahí que se use el cemento. Pero, para los amplificadores de guitarra, lo más habitual es que se desee que haya alguna vibración (o resonancia) del gabinete con el sonido que sale de la bocina.

PARTE DOS | Ajuste de tu tono

Además, aunque los gabinetes de bocinas de estéreo siempre están cerrados por atrás (de otro modo la respuesta de bajos estaría totalmente desnivelada), los gabinetes tipo "combo" de parte posterior abierta son los gabinetes más populares para amplificadores de guitarra.

Fender siempre usó sólo madera de pino para los combos y gabinetes, que estaban cubiertos con material protector como Tweed para equipaje o tólex (similar al material de vinilo para techos usados en los autos de los años sesenta y setenta). El motivo por el que decidió usar el pino fue por su bajo costo pero, como con muchas de las opciones de Fender a través de los años, resultó que el pino era el material perfecto para los amplificadores de guitarra. Debido a su ligereza, el pino resuena con un tono precioso.

Un buen gabinete de bocina es como el cuerpo de una guitarra acústica, así que tiene sentido retirar el tólex protector que cubre los gabinetes de pino para hacerlos sonar de forma más efervescente y aireada. La única desventaja de los gabinetes de pino desnudo es que pueden rasgarse y abollarse fácilmente, un precio bajo que hay que pagar por un tono excelente.

Aunque el pino blanco oriental (*Pinus strobus*) es una madera de gabinete maravillosa, cualquier madera ligera es una buena opción, especialmente la del abeto o el pino canario. Algunos constructores especializados se ponen nerviosos con el pino y usan tablones de 100 años de antigüedad. La madera añeja es difícil de trabajar y puede ser muy quebradiza, y las ganancias tonales son mínimas, en el mejor de los casos.

Para los fanáticos del "hágalo usted mismo": no usen paneles de pino sólido en todo el ancho del gabinete. Los paneles sólidos anchos se cambarán y, a la larga, se agrietarán. Construye el ancho que necesitas usando paneles de 3 plg a 4 plg de ancho para evitar los esfuerzos internos que aparecen con el tiempo en los paneles anchos.

CAPÍTULO OCHO | Gabinetes

Para conseguir un buen acabado al natural sólo necesitas dos capas de poliuretano de brillo alto con una capa final de brillo medio. Puedes usar más capas de poliuretano, pero en ese caso no tendría sentido no usar tólex. Si vas a crear un gabinete de madera con tólex o Tweed, sella la madera por dentro y por fuera con una capa de poliuretano, como mínimo.

En lo que respecta a los gabinetes de 4 x 12, es fundamental usar madera contrachapada Baltic Birch de 19 mm. La Baltic Birch es un tipo de madera contrachapada de mucha mayor calidad que la que encuentras en las ferreterías porque prácticamente no tiene espacios vacíos (huecos) en el material. Si vas a usar madera contrachapada, usa Baltic Birch.

El grosor de la madera contrachapada Baltic Birch se mide en milímetros, (19 mm equivale casi a ¾ plg). Puedes usar una madera contrachapada más delgada, de unos ½ plg, o una más ligera, como la caoba, para obtener un tono más resonante.

Aunque estoy completamente de acuerdo en que un gabinete Baltic Birch cubierto en tólex es un material muy duradero y que no genera traqueteos, un pino sólido de ¾ plg sin tólex suena bastante más abierto y vivo. Usar pino y cubrirlo con tólex, en lugar de madera contrachapada, es mejor a efectos de durabilidad y resonancia.

Gabinetes de parte posterior abierta vs. cerrada

En términos generales, los gabinetes de parte posterior cerrada, tales como el venerable 4 x 12, emiten muchos más bajos que los de parte posterior abierta, pero tienen una proyección frontal más estrecha y directa tipo "láser" (*laser beamy*). Ten esto en cuenta cuando estés preparando el escenario: la gente situada cerca de los 4 x 12 va a tener una experiencia muy diferente a la de la gente que situada a los lados.

Para controlar este fenómeno, Stevie Ray Vaughan usó blindajes de Plexiglas frente a sus amplificadores. Los blindajes también te permiten subir mucho más el volumen para obtener el tono que quieres sin causar problemas a los micrófonos de voz ni a tus compañeros de grupo.

Otra diferencia con los gabinetes de parte posterior cerrada es que las bocinas normalmente se pueden usar con más potencia sin que se fundan. Este fenómeno lo atribuyo a la atenuación que proporciona el aire en el gabinete, como si fuera un amortiguador. Aún así, no pondría 50 W a través de una sola Blue en un gabinete de parte posterior cerrada, pero sin duda puedes salirte con la tuya con 25 W.

Una cosa muy guapa que puedes hacer con los gabinetes de 4 x 12 es dividirlos internamente en dos gabinetes de 2 x 12, colocando una pequeña repisa entre los pares superiores e inferiores de bocinas. Otra innovación interesante para usar junto con la repisa es crear paneles posteriores desmontables en la parte superior e inferior para que puedas hacer funcionar el gabinete con la parte posterior cerrada por completo, abierta por completo, o mitad abierta y mitad cerrada. Los paneles desmontables crean un gabinete muy versátil que te permite "afinar" la respuesta de bajos del gabinete para la habitación.

Obtener la mayor cantidad posible de bajos del gabinete

La ubicación de la bocina respecto al piso y a las esquinas de la habitación tiene mucho que ver con la respuesta de bajos que obtendrás de la bocina. Colocar un 2 x 12 horizontalmente en el piso te dará bajos más fuertes que pararla de forma vertical en un extremo con una bocina en el aire. Igualmente, mover el gabinete hacia una pared o hacia una esquina también incrementa los bajos.

CAPÍTULO OCHO | Gabinetes

Paños de bocinas

La mayoría de gabinetes de amplificadores para guitarra no usan paños acústicamente "transparentes" como los que ves en las bocinas de estéreos. De siempre se ha dicho que el paño que se usa para los gabinetes de amplificadores para guitarra causa un poco de atenuación de altas frecuencias, desde una leve atenuación en el paño que se usa en los Blackface de Fender, a una bastante gran atenuación en el tejido estilo "cesta" que se usa en los gabinetes Marshall antiguos. Muchos amplificadores Marshall pueden sonar un poco punzantes a altas frecuencias, así que el tejido estilo "cesta" es la clave para suavizar el sonido (¡además de que es muy bonito!) ♪

Aunque mi falta de práctica no ha compensado mi falta de talento, de cuando en cuando se me ocurre algo o aprendo algo que suena muy bien, y la emoción en ese momento es la razón por la que agarro la guitarra. Sin ningún otro objetivo que divertirme un poco.

Todd Z.

Capítulo nueve

Tubos de potencia

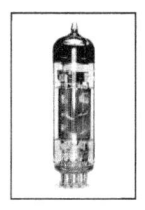

Con o sin el técnico

El hecho de colocar diferentes tubos de potencia en el amplificador puede tener un efecto tremendo en tu tono, sobre todo cuando estás planeando forzar el amplificador hacia la distorsión de amplificador de potencia. Puedes conseguir que un amplificador pase de ser bastante crujiente y con ganancia, a más suave y con énfasis en las frecuencias medias, o a ser virtualmente imposible de distorsionar, sólo cambiando tubos de potencia de EL34 a 6L6 a KT88/6550, respectivamente.

Tubos de potencia octales

LOS TUBOS DE POTENCIA OCTALES VIENEN EN CUATRO TIPOS BÁSICOS:

- triodo
- tetrodo
- pentodo
- tetrodo de haz dirigido (kinkless o sin pliegue)

Parte dos | Ajuste de tu tono

Ver el ***Capítulo quince—Principios básicos de tubos*** para consultar una explicación detallada sobre cómo funciona cada tipo de tubo.

Los pentodos auténticos (EL34 y EL84) tienen la respuesta de frecuencia más amplia tanto para bajos como agudos, así como una ganancia bastante mayor que los tetrodos de haz dirigido (kinkless o sin pliegue), que son todos los demás tubos de potencia que se usan en amplificadores de guitarra.

Cualquier amplificador con un ajuste de polarizado lo suficientemente amplio te permite utilizar tubos EL34, 6L6, 6550 y cualquiera de los tubos KT (consulta con el fabricante de tu amplificador para determinar qué tubos son compatibles con tu amplificador). Sin embargo, un amplificador que te permita cambiar "al vuelo" dos pares diferentes de tubos de potencia es insuperable a la hora de comparar tipos de tubos.

El Ganesha y el RG88 de Maven Peal tienen esta característica, he invertido bastante tiempo en cambiar varios tipos de tubos mientras que las demás partes del equipo se mantienen exactamente igual.

La variación en sonido entre los diferentes tipos de tubos es bastante remarcable, especialmente cuando puedes forzar al amplificador hacia la distorsión sin que salgas volando de la habitación (afortunadamente para mí, el Ganesha y el RG88 también lo hacen).

Entonces, ¿qué he descubierto? Los 6L6 suenan con bastante rango medio, carecen de altos y bajos y tienen una ganancia bastante menor que los EL34. Pensarás que estoy chiflado, pero unavez una revista importante de guitarras publicó un artículo afirmando lo opuesto. El problema era que el experimento del autor implicó demostrar las dos diferentes configuraciones de tubos a través de dos amplificadores distintos usando dos bocinas distintas.

Capítulo nueve | Tubos de potencia

El autor usó un Blackface Fender con tubos 6L6 y bocinas Jensen de cerámica, y un Marshall con tubos EL34 y bocinas Celestion. Fender aumenta los agudos con furia, así que usar los 6L6 hace que suene brillante y campaneante, mientras que Marshall añade un rango medio pronunciado y no necesita incrementar demasiado las altas frecuencias (los EL34 lo hacen ellos mismos). Las bocinas Jensen también son mucho más brillantes que las Celestion. Así que, aunque en general un amplificador Fender suele ser más brillante que un amplificador Marshall, las diferencias tienen mucho más que ver con los circuitos y bocinas que con los tubos de potencia.

Las diferencias entre un par de 6L6 y un par de EL34 en el mismo amplificador con la misma bocina son bastante dramáticas. Con los años, he tenido el honor de asistir a muchos festivales de amplificadores, y hay un evento en particular que me viene a la mente.

Cuando llegué, el Ganesha ya había llegado empacado con dos pares de EL34. Cambié un par, puse dos 6L6 y polaricé para el evento principal (el Ganesha también te permite polarizar rápidamente desde el panel posterior).

Afortunadamente, contrataron a un guitarrista profesional para tocar con las demostraciones, así que nadie tenía que hacer el ridículo. Cuando el profesional se preparó para empezar a tocar con el Ganesha, cambié de EL34 a 6L6 alternando los interruptores Tubes 1&4 y Tubes 2&3 (tubos 1 y 4 y tubos 2 y 3).

Me miró con cara de espanto y me pidió que lo moviera a la posición original. Pensaba que los 6L6 estaban mal. Imagina su sorpresa cuando le expliqué que era sólo su percepción lo que le hacía pensar que los 6L6 estaban mal, porque esperaba que sonaran como los EL34. Pusimos los 6L6 en otro amplificador sólo para asegurarnos de que estaban en buenas condiciones, y se convenció.

En el espectro de tonos entre la emisión de baja ganancia, respuesta de frecuencia de rangos medios y distorsión suave de

PARTE DOS | Ajuste de tu tono

los 6L6 y la mayor entrega de ganancia, mayor respuesta de frecuencia (más altos y bajos) y la distorsión más crujiente de los EL34, es aquí donde va cada tipo de tubo.

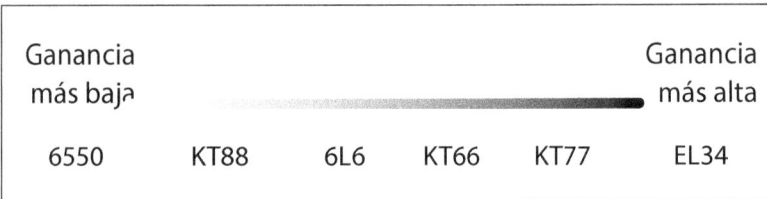

Ilustración 9.1
Espectro de ganancia de tubos octales de potencia

El KT88 y el 6550 son ambos tubos de mucha mayor potencia y tienen cantidades tremendas de margen (*headroom*). La respuesta de frecuencia de estos tubos de alta potencia es más amplia, pero no tan amplia como las de los EL34, y la distorsión no es tan crujiente como las de los EL34. Para mí, los KT88 son mejores que los 6550 cuando quieres darle duro a tus bocinas.

El distribuidor estadounidense de Marshall tuvo los 6550 durante un tiempo en la década de los setenta. De hecho, la misma Marshall usó tubos 6L6 en los noventa cuando el suministro comenzó a escasear. En cualquier caso, asegúrate de que el técnico te cambie los tubos a EL34 para obtener un sonido más "Marshall".

Marshall también fabricó los Marshall Major de 200 W con tubos KT88, popularizados por Jimmy Page en la gira *The Song Remains the Same*, de Led Zeppelin. Por favor, con este amplificador NUNCA uses tubos que no sean los KT88.

EL84

Los EL84 tienen bases más pequeñas que los tubos octales (con la misma base que los tubos de preamplificador de 9 clavijas), así que si tu amplificador te los acepta, no tienes otra opción. Dicho esto, los EL84 son mis favoritos. Estos chicos son muy capaces (y te apuesto que eran campaneantes y carecían de bajo debido al Vox

Capítulo nueve | Tubos de potencia

AC30; el tono del AC30 es debido a varios motivos, no sólo a los tubos de potencia).

Aunque los EL84 tienen una respuesta extendida de altas frecuencias como los EL34, en el amplificador adecuado tienen también una tremenda respuesta de bajos. El Maven Peal Zeeta vino con dos EL84 y una bocina Celestion Blue de inventario. La Blue tiene una capacidad nominal de 15 W, pero el Zeeta hace funcionar los EL84 en caliente, alcanza sin problemas los 22 W. Tengo un amigo que tiene un montón de guitarras de siete cuerdas. Cuando golpea la cuerda más baja con el Zeeta, el cono de la bocina parece volar por la habitación (y eso que la perilla de vataje está baja).

Aunque las Blue no están equipadas para lidiar con estas notas bajas, los EL84 sí que lo están.

Ciclo de vida del tubo de potencia

La triste realidad de todos los tubos de potencia es que se desgastan. Un guitarrista que se gane la vida trabajando como músico cambiará el juego de tubos de potencia en seis meses o menos.

Algunos indicios de que los tubos de potencia están ya por pasar a mejor vida son:

- Niebla azul excesiva en el tubo cuando está encendido.
- El amplificador es demasiado opaco (está raro, como si estuviera a medio paso detrás de ti).
- El extremo agudo del amplificador no existe.
- El extremo bajo del amplificador no existe.
- El amplificador empieza a generar mucho ruido, especialmente cuando tocas una sola nota (también se conoce como efecto microfónico de tubos de potencia).

A la larga, los tubos sólo son bombillas de luz (el calentador *es* una bombilla de luz y el cátodo funciona casi a la misma temperatura) rodeadas por un montón de rejillas y un ánodo/placa, así que no esperes que duren para siempre. Los tubos de preamplificador, sin embargo, deben durar décadas, pues no tienen que generar mucha potencia y operan a una temperatura mucho más baja.

Fabricantes de tubos

Los tubos muy antiguos hechos por el fabricante original que no se han usado se llaman aún NOS por *New Old Stock* (inventario antiguo nuevo). A los tubos nuevos hechos con nombres antiguos yo los llamo ONSS por *Old Name New Stock* (nombre antiguo, inventario nuevo).

Los tubos NOS pueden ser bastante caros, y muchos ya se han usado antes o son falsos. Ten mucho cuidado al comprar tubos NOS. Cómpralos siempre en una tienda de reputación como Antique Electronic Supply o con uno de los técnicos mencionados en el **Capítulo cuatro—Buenas recomendaciones**.

Yo no creo que valga la pena gastar dinero en tubos de potencia NOS porque se gastan rápido. Por otro lado, los tubos de preamplificador NOS suelen durar décadas, y pueden hacer maravillas por tu amplificador, pues por lo general se vuelven más suaves (ver el **Capítulo diez—Tubos de preamplificador** para más información).

Nunca transportes un amplificador con tubos NOS instalados, sólo estarás buscándote líos. Lleva estas joyas por separado, dentro de mucho plástico de embalaje con burbujas de aire.

TAD, Ruby Tubes y Groove Tubes

Pocas empresas fabrican tubos hoy en día. Las que los fabrican están en Rusia, Europa del Este y China. A mí, personalmente,

CAPÍTULO NUEVE | Tubos de potencia

no me gustan los tubos chinos. Aunque son baratos, los encuentro inconsistentes e inferiores a los tubos europeos. Dicho esto, algunas fábricas chinas hacen tubos que vale la pena mencionar, particularmente el TAD (Tube Amp Doctor), los Ruby Tubes y los Groove Tubes KT66HP.

JJ-Electronic

JJ-Electronic (anteriormente Tesla) en Eslovaquia fabrica tubos de potencia absolutamente sobresalientes. Nunca he tenido problemas con estos tubos, incluso con el Ganesha, que es más potente que un Marshall Plexi antiguo. Hasta he puesto tubos 6V6 JJ en un Ganesha (con la perilla de vataje bajada), y lo aguantaron bastante bien. Aunque no recomiendo este procedimiento con ningún 6V6, es bueno saber que los JJ son así de resistentes.

Mi único problema con los tubos de potencia JJ es el 6L6. El 6L6 es un tubo robusto y durará bastante, pero para mí suena como un EL34. Supongo que fabrican los 6L6 demasiado bien, pues la rejilla supresora virtual funciona bien, lo cual hace que el tubo actúe casi como un pentodo real.

Del mismo modo, el 6V6 JJ suena muy similar a un mini 6L6. Aunque el 6V6 está diseñado para ser un mini 6L6, los 6V6 estadounidenses antiguos tienen un sonido pantanoso que los 6V6 nuevos no captan. Lo bueno es que los 6V6 están disponibles de nuevo, así que no nos podemos quejar. Desde fines de los ochenta hasta el 2005 no había tubos 6V6 de calidad aceptable, lo cual era un verdadero problema tonal.

El E34L JJ (un EL34 de mayor calidad) y su El84 es insuperable en calidad de sonido y firmeza. También me gusta el KT77 para un sonido EL34, que es un poquito más bajo para una mayor suavidad. El KT88 JJ es una opción excelente para amplificadores de alta potencia, o como un tubo que se mantendrá con una respuesta limpia y rápida ante las capacidades máximas de tu amplificador.

PARTE DOS | Ajuste de tu tono

Svetlana

Otra fábrica de tubos excelente es Svetlana, en San Petersburgo, Rusia. Lamentablemente, ha habido algunos malentendidos con ella en Norteamérica.

El distribuidor para Norteamérica de Svetlana era al principio una empresa llamada Svetlana Electron Distributors, y eran propietarios de la marca comercial Svetlana en Estados Unidos. Cuando la fábrica Svetlana en San Petersburgo descontinuó su relación con Svetlana Electron Distributors, el distribuidor vendió la marca comercial Svetlana a New Sensor, un fabricante/distribuidor de la competencia con sede en Nueva York, (da la casualidad de que New Sensor es propietario de la fábrica de tubos Reflector en Rusia).

Los tubos hechos en la verdadera fábrica de Svetlana están ahora rotulados SED por Svetlana Electron Devices con el logotipo de la C con alas (la "C" en el alfabeto ruso se pronuncia como "S" en español). New Sensor vende tubos etiquetados Svetlana que se hacen en la fábrica Reflector. Es todo un embrollo innecesariamente confuso que nunca debió haber pasado, pero bueno…

En mi opinión, los 6L6 y 6550 con la C alada son los mejores tubos de producción de este tipo que existen hoy día. Asimismo, los 12AX7 de la C alada están igual de considerados que los mejores 12AX7 que se fabrican en la actualidad.

New Sensor

New Sensor fabrica tubos en la fábrica de Reflector en Rusia con muchos nombres, incluyendo Sovtek, Electro-Harmonix, Tung-Sol, Mullord, Genalex y ahora Svetlana.

Las marcas comerciales Genalex, Mullard y Tung-Sol son nombres de fabricantes de tubos en la edad dorada (de los años cincuenta a los setenta) de la fabricación de tubos. Los

Capítulo nueve | Tubos de potencia

productos originales hechos por estas empresas son sobresalientes. Desafortunadamente, ninguna de estas empresas ha fabricado tubos en décadas.

New Sensor es ahora propietario de los derechos de estos nombres y construye tubos como réplicas de los originales. En lo que respecta a tubos de potencia, los ONNS Tung-Sol 5881 y ONNS Genalex KT66 son opciones excelentes.

El tubo ONNS Tung-Sol 12AX7 hecho en la fábrica Reflector es uno de los mejores disponibles.

Tubos rectificadores

La designación estadounidense para un tubo rectificador suele empezar con el número cinco (5), ya que los calentadores en estos tubos suelen funcionar con 5 V. Los tubos rectificadores comunes son los GZ34/5AR4, el 5U4GB de alta potencia y baja caída de tensión (sag), y los 5Y3 y EZ81/6CA4 de baja potencia y alta caída de tensión (sag).

Si tu amplificador usa uno o varios tubos rectificadores (también conocidos como diodos de tubos), debes cambiarlo(s) cuando cambies los tubos de potencia…o no. Los tubos rectificadores más antiguos pueden añadir una cantidad significativa de caída de tensión (sag) a tu amplificador, que puede que la quieras o no, dependiendo del día. Conservar varios tipos de tubos rectificadores (marca o edad) es una buena forma de modificar tu amplificador a tu gusto con un simple cambio de tubo[1].

Cuando busques nuevos tubos rectificadores, normalmente los JJ le darán a tu amplificador el tono más directo, fuerte y limpio. Los ONNS como los Tung-Sol te darán los tonos más opacos.

Recuerda, si quieres que los tubos rectificadores causen efecto en el tono de tu amplificador, vas a tener que tocar con muchísimo volumen.

PARTE DOS | Ajuste de tu tono

> 🎧 **ADVERTENCIA**
> Protégete siempre los oídos con los tapones cuando toques con el amplificador. ♪

Notas al final del capítulo

1. Estrictamente hablando, debes re-polarizar cuando cambies tubos rectificadores, pero generalmente no habrá problemas si no repolarizas. En el caso más extremo, si pasas de un tubo rectificador muy antiguo a uno nuevo, podrás estar forzando demasiado los tubos de potencia y tendrás que bajar la polarización. De otro modo, si colocas un rectificador viejo donde previamente tenías un rectificador totalmente nuevo, tu amplificador podrá estar polarizado muy frío y podrás obtener distorsión de cruce.

La guitarra es una fuente constante de alegría del día a día. Simple y a la vez compleja, delicada o agresiva, recibes de ella exactamente lo que le entregas… como un buen amigo.

Steve Nurme

Capítulo diez

Tubos de preamplificador

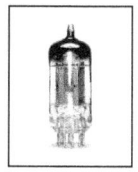

Con o sin el técnico

Una de las mejores cosas sobre los amplificadores de tubos es que puedes modificar el sonido de forma relativamente sencilla, y una de las mejores formas para cambiar el tono del amplificador es cambiando los tubos de preamplificador, que no tienen que polarizarse nunca.

Puedes poner diferentes modelos del tipo de tubo para el que se diseñó el amplificador, o en algunos casos puedes usar un tubo completamente diferente para alterar el sonido de forma radical. Por ejemplo, puedes probar los tubos de preamplificador 12AX7/ECC83 de diferentes fabricantes en varias posiciones para ver cómo el mismo tipo de tubo de distintas marcas cambia tu tono. O puedes crear un cambio tonal aún más dramático pasando de un 12AX7 a un 12AY7, 12AT7 ó 12AU7.

No todos los tubos o circuitos de preamplificador permiten un cambio en el tipo de tubo. Primero tienes que saber para qué tipo de tubo se ha diseñado el amplificador. Luego tienes que saber qué tipos de tubos pueden sustituir el tubo de inventario de forma aceptable. El *Apéndice C—Tipos de tubo de preamplificación* indica sustitutos de tubos de preamplificador aceptables para todos los tubos de preamplificador 12 A**.

Como indica el *Apéndice C—Tipos de tubo de preamplificación*, nunca sustituyas un tubo de preamplificador de potencia más baja en un encaje para un tubo de preamplificador de potencia más alta, pero hacerlo al revés está bien.

> 💣 **ADVERTENCIA**
> Sustituye siempre los tubos de preamplificador con valor nominal igual o mayor que el valor nominal de vataje para los tubos de preamplificador de inventario del amplificador.

Del mismo modo, muchos amplificadores de alta ganancia vienen con tubos de ganancia más baja por la decisión consciente del fabricante de domar un poco el amplificador. En estos tipos de amplificadores, debes continuar usando tubos de más baja ganancia, ya que agregar más ganancia puede causar fácilmente una oscilación no deseada, lo cual dará como resultado un chirrido de tono agudo.

Para domar la ganancia de un amplificador, los guitarristas suelen cambiar un 12AX7 por un 12AT7. Aunque este cambio es una sustitución efectiva y viable, el 12AY7 es en realidad más parecido eléctricamente a un 12AX7, así que el tono general del amplificador se cambiará menos y la ganancia se reducirá aún más que si sustituyeras un 12AT7.

Desafortunadamente, el 12AY7 ya no se produce. Sin embargo, los NOS 12AY7 se pueden encontrar fácilmente a un precio razonable. Te aconsejo probar uno o dos si dispones de un amplificador que tengas que domar.

Ten cuidado de no colocar ningún tubo en la tabla (que son triodos dobles en un paquete) en un encaje diseñado para un

Capítulo diez | Tubos de preamplificador

pentodo de preamplificador, usualmente un EF86. El EF86 (y sus variantes EF806 y 6267) no es compatible con los tubos 12A** que estamos analizando, y fundirás el amplificador si mezclas estos tipos de tubos. Algunos de los amplificadores que usan un EF86 incluyen los Vox de la primera época y sus clones, especialmente los amplificadores AC15, VHT/Fryette, Matchless, Bad Cat, Dr. Z y 65.

> 💣 **ADVERTENCIA**
> No uses ningún tubo de la tabla en un encaje diseñado para un pentodo de preamplificador. Los EF86, EF806 y 6267 no son compatibles con los tubos 12A** y fundirán el amplificador.

Tal como indica la tabla de tubos de preamplificador, puedes sustituir un tubo de potencia más alta por un tubo de inventario de potencia más baja, pero no lo contrario.

Por ejemplo, un Marshall Major de 200 W usa un 12AU7 en el amplificador de potencia. Aunque quizás no tengas problemas usando un 12AT7 en ese encaje, sin duda no puedes usar un 12AX7 o 12AY7. Por otro lado, los Fender Blackface y Silverface usan un 12AT7 para el inversor de fase, y puedes usar fácilmente un 12AU7 en esa posición para reducir la ganancia de amplificador de potencia, pero usar un 12AX7 en el inversor de fase para incrementar la ganancia de amplificador de potencia es arriesgarse, ya que el 12AX7 es un tubo de potencia más baja (ver el *Apéndice C—Tipos de tubo de preamplificación*).

Además de sustituir un nuevo tipo de tubo al tratar de calmar un amplificador con demasiada ganancia, puedes usar un tubo de ganancia más baja del mismo tipo. Por ejemplo, si el amplificador te viene con tubos 12AX7, puedes sustituir un JJ ECC83 de ganancia más baja (designación europea para un 12AX7).

Como existen muchas variaciones del 12AX7 y cambian tan a menudo, tu proveedor de tubos puede guiarte mejor respecto a los montos relativos de ganancia de varios 12AX7. Sugiero un SED,

Parte dos | Ajuste de tu tono

ONNS (Old Name New Stock) Tung-Sol o JJ ECC83S como un 12AX7 de alta ganancia y el JJ ECC83 como un 12AX7 de baja ganancia.

Al cambiar los tipos de tubos de preamplificador, ten siempre un plan de ataque. La mayoría de los amplificadores rotulan los tubos de preamplificador V1, V2, V3, etc., siendo V1 el más próximo al conector de entrada y el tubo numerado más alto el más alejado de la conexión de entrada. Revisa tu amplificador para que sepas cuál tubo de preamplificador es cuál.

En la mayoría de amplificadores, se usará V1 en la primera etapa de ganancia. El tubo de preamplificador rotulado con el número más alto se suele usar como inversor de fase. El tubo rotulado con el segundo número más alto suele ser la última etapa de preamplificación y a menudo el controlador de tonos (tone stack driver).

Todos los tubos de preamplificación entre el primer tubo de etapa de ganancia y el último tubo de etapa de ganancia se suelen usar para etapas adicionales de ganancia en canales de ganancia más alta, con la excepción de amplificadores que tengan circuitos de trémolo o reverb y que usen sus propios tubos. Así que, por ejemplo, en un RG88 (que no tiene trémolo o reverb), V1 es el tubo más próximo al conector de entrada y la primera etapa de ganancia tanto para el canal de ganancia limpia como el de ganancia alta; V2 se usa exclusivamente para el canal de alta ganancia; V3 es la última etapa de ganancia para ambos canales y activa los controladores de tonos ("tone stack") y V4 es el tubo inversor de fase.

Si estás tratando de reducir la ganancia del primer canal del RG88, puedes cambiar el V1 o el V3 con un tubo de ganancia más baja. Ten en cuenta que cambiar el V1 o el V3 también reducirá la ganancia del segundo canal. Reducir la ganancia de un canal de alta ganancia mediante el reemplazo de tubos aún te dejará con una ganancia bastante alta, así que no te vuelvas loco. Si sólo quieres reducir la ganancia del segundo canal en el RG88, cambia sólo el V2.

CAPÍTULO DIEZ | Tubos de preamplificador

En términos generales, un buen plan cuando necesites reducir la ganancia de tu amplificador es empezar con el V1. Si no estás obteniendo los resultados que necesitas, empieza a reducir la ganancia mediante V1 y V2. Si te encuentras con tubos 12AU7 en el preamplificador y quieres cortar la ganancia incluso más, trata de recurrir al inversor de fase.

Tubos de preamplificador NOS

En mis amplificadores yo suelo preferir los NOS Mullard ECC83 (12AX7) en todas las posiciones excepto en el tubo inversor de fase (que es el tubo más alejado del conector de entrada). Para el inversor de fase me gusta un NOS Telefunken ECC83/12AX7.

Nunca transportes un amplificador que tenga tubos NOS instalados, solo estarás buscándote líos. Lleva estas joyitas por separado, dentro de mucho plástico de embalaje y con burbujas de aire. ♫

La guitarra me levanta y me lleva lejos. El viaje a veces es corto y simple, a veces largo y difícil, pero siempre abre una puerta a otro mundo: la música surge y me rodea, y las preocupaciones mundanas desaparecen.

David Brittenham

Capítulo once

Alambres y cables

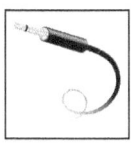

Sin el técnico

Como los tubos, los cables externos son componentes que pueden tener un efecto drástico en el tono. La ilustración 11.1 muestra los tres tipos de cables que necesitarás para tocar con el amplificador:

- Cables para guitarra, también conocidos como "cable de señal con nivel de preamplificador".
- Cable de bocina.
- Cordones de alimentación.

El cable de micrófono también se incluye en la lista de la ilustración 11.1 para que lo compares, aunque sólo necesitas un cable de micrófono si quieres usarlo.

Cable de guitarra

Los cables coaxiales, incluyendo los cables de guitarra, se encargan de transferir una señal de potencia extremadamente baja desde un dispositivo a otro con una pérdida de señal, distorsión de señal y entrada de ruido mínima.

TIPO DE CABLE	RESISTENCIA/ IMPEDANCIA DEL CIRCUITO CONECTADO	CORRIENTE TRANSPORTADA POR EL ALAMBRE (TÍPICA)	VOLTAJE TRANSPORTADO POR EL ALAMBRE (TÍPICO)
De guitarra	10000 a 1000000 Ohmios	0,1 a 100 microamperios (1/1000000 de un amperio)	0,1 a 100 milivoltios (1/1000 de un voltio)
De micrófono	100 a 600 Ohmios	1 a 20 microamperios	,1 a 10 milivoltios
De bocina	4 a 32 Ohmios	1 a 20 amperios	1 a 40 Voltios
De alimentación	10 a 20 Ohmios	1 a 10 amperios	120 a 240 Voltios

Ilustración 11.1
Impedancia de circuito y corriente y voltaje típico según el tipo de cable

Para eliminar el ruido, los cables de guitarra están construidos con un blindaje que está envuelto alrededor de todo el cable y conectado a tierra. Cualquier ruido que entre de fuera del cable deberá ser interceptado por el blindaje y derivado sin ningún peligro afuera hacia tierra.

Dentro del blindaje se encuentra un material aislante, y en el centro exacto está el conductor "vivo" o de señal, usualmente un conjunto de alambres trenzados con un grosor general (o calibre) en el lado pequeño para permitir el viaje de la corriente baja a través del cable.

Los cables de guitarra tienen una eficacidad de blindaje y una capacitancia del material de aislamiento muy diferente. Dos conductores de señal separados por un aislante forman un *condensador*.

CAPÍTULO ONCE | Alambres y cables

Condensadores y capacitancia

Para entender bien los alambres y los cables, tienes que entender primero qué es la capacitancia, y que su definición difiere según la corriente continua (CC) o alterna (CA).

Con el voltaje CC, la capacitancia es la cantidad de carga eléctrica que retendrá un circuito para un determinado voltaje.

En términos de corriente alterna, la capacitancia bloquea frecuencias bajas y deja que pasen las frecuencias altas. A más alta la capacitancia, más baja será la frecuencia de corriente alterna que podrá pasar a través del circuito.

Los cables de la guitarra llevan corriente alterna desde la guitarra al amplificador. Si hay mucha capacitancia entre el conductor central y el blindaje de cable, las altas frecuencias en tu señal de guitarra pasarán a través del condensador, que es el cable, se derivarán al blindaje de puesta a tierra y se perderán. A más capacitancia exista en el cable, más baja será la frecuencia en la cual comenzará a ocurrir esta pérdida. Como verás, te interesa que la capacitancia de tus cables sea lo suficientemente baja de manera que sólo se pierdan en tierra las frecuencias demasiado altas.

Si tienes un blindaje malo, el ruido se meterá en el conductor interno "vivo" y de ahí en el amplificador. Si el material aislante no mantiene bien el conductor interno en su lugar, puedes tener problemas tonales muy extraños (esencialmente efecto microfónico), sobre todo con señales de nivel más alto al usar, digamos, un pedal de efectos.

Un material de aislamiento de calidad baja causará también mucha capacitancia, que a su vez causará problemas tonales porque estarás perdiendo un poco de frecuencias extremas altas.

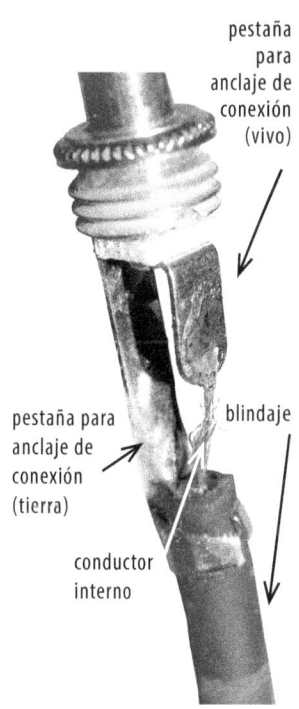

Ilustración 11.2
Interior de un
cable de guitarra

En esencia, cuando usas un cable de guitarra, estás agregando un condensador conectado desde el conductor de señal a tierra (el blindaje). Un condensador conectado a tierra es lo que hace que el tone stack en la guitarra corte las frecuencias altas cuando lo bajas. Así que tiene sentido que los cables corten siempre algo de frecuencias altas extremas.

Con un cable de alta calidad, el corte de altas frecuencias extremas ocurre a una frecuencia más alta que la frecuencia más alta en la señal de guitarra, así que el corte de frecuencias no será un problema. Si usas un cable normal, experimentarás algo de corte de frecuencias dependiendo de la longitud del cable.

A más largo el cable de guitarra, más grande será el condensador efectivo. De hecho, la capacitancia de los cables se mide en pF/pie (picofaradios por pie), así que mantén siempre los cables de la guitarra tan cortos como sea posible excepto, claro está, cuando quieras beneficiarte del corte de alta frecuencia extrema.

Por ejemplo, Warren Haynes tiene un pedal wah-wah particular que es un poco agudo. Así que su técnico conecta un cable muy largo al pedal con otro cable muy largo al amplificador, creando un control de corte de tonos de altas frecuencias que ayuda a domar al pedal.

Además de cortar frecuencias altas, los cables de guitarra pueden causar un problema que los músicos suelen describir como "manchar el sonido". Los ingenieros llaman a esto *desfasaje/demora de grupo*, lo cual nos hace recordar un concepto importante de música y de ingeniería. Permíteme que haga un pequeño paréntesis.

Contenido armónico de una onda de sonido

Las ondas se pueden ver de dos formas. La primera, considerando el *contenido armónico* o *dominio de la frecuenci*a.

Capítulo once | Alambres y cables

Imagina una serie de ondas senoidales (las ondas suaves que ves en los osciloscopios) apiladas una encima de otra. La onda senoidal de más baja frecuencia se llama la frecuencia fundamental y todas las ondas senoidales sobre ella son frecuencias múltiples de números enteros (2, 3, 4, etc.) de la frecuencia fundamental. Estas ondas senoidales de frecuencias más altas se llaman *armónicos de la fundamental*.

La primera onda sobre la fundamental se llama "el segundo armónico" (dos veces la frecuencia de la fundamental) y representa una octava sobre la fundamental. El tercer armónico es una octava, además de una quinta sobre la fundamental, el cuarto armónico es dos octavas por encima de la fundamental.

A medida que vamos subiendo en frecuencia obtenemos armónicos más complejos: el quinto armónico es dos octavas y una tercera mayor por encima de la fundamental y el octavo armónico es tres octavas por encima de la fundamental. La ilustración 11.3 muestra un ejemplo de una fundamental y sus primeros armónicos impares como formas separadas de onda.

Cuando pulsas una cuerda de guitarra estás creando la fundamental junto con los armónicos. Tu tono individual se representa según la mezcla particular de tamaños (o volúmenes) de los armónicos.

Cuando envías una señal eléctrica a través de un filtro pasabajos (que es esencialmente la resistencia de las pastillas de la guitarra además de la capacitancia del cable de ésta), a los armónicos altos se les baja el volumen, mientras que a los armónicos más bajos se les deja tranquilos. Esta situación se denomina "corte del extremo de altas frecuencias" (*rolling off*), y es un buen ejemplo de los cambios tonales que puede producir la guitarra o el filtro pasabajos (como la perilla de tono de la guitarra).

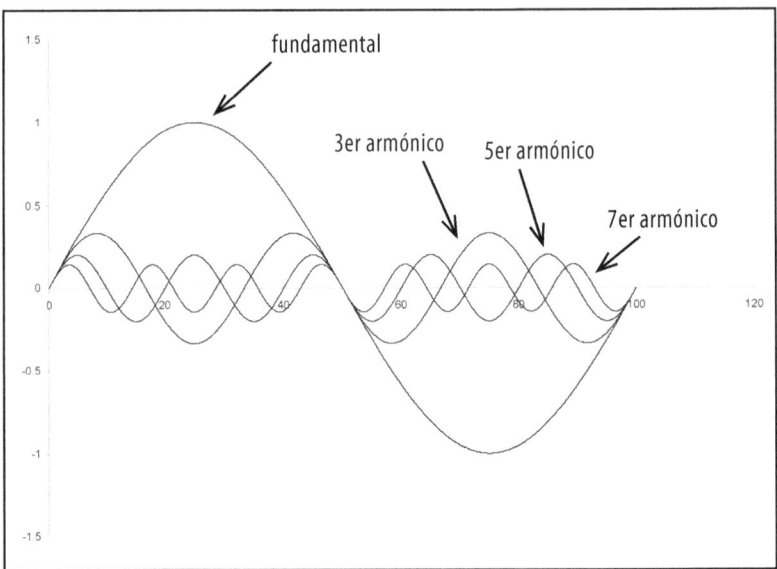

Ilustración 11.3
Ondas senoidales que muestran lo fundamental y una serie de armónicos impares

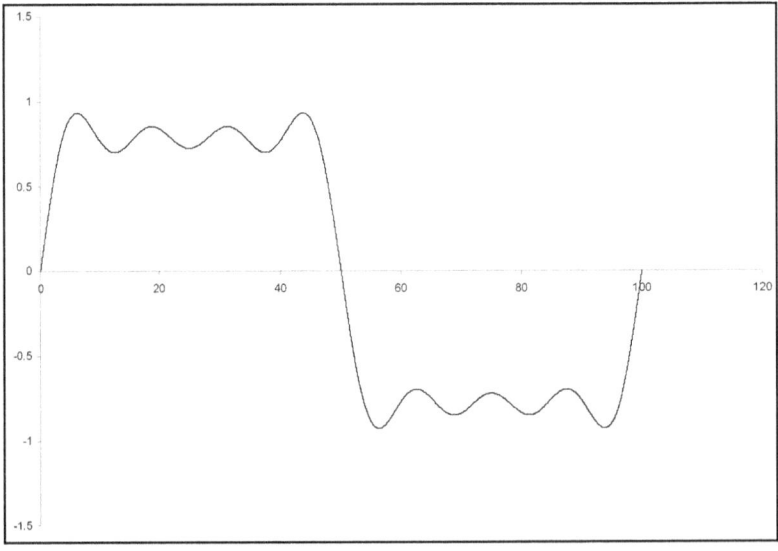

Ilustración 11.4
Fundamental con armónicos impares combinados

Capítulo once | Alambres y cables

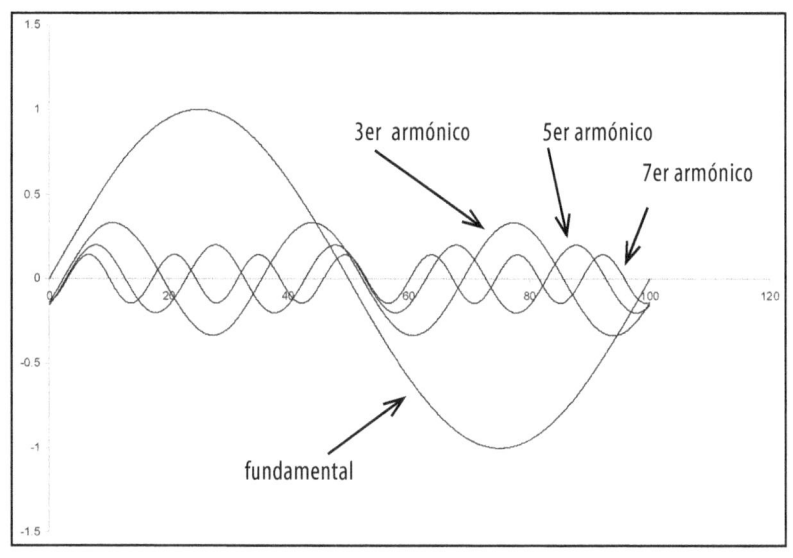

Ilustración 11.5
Fundamental y armónicos desfasados

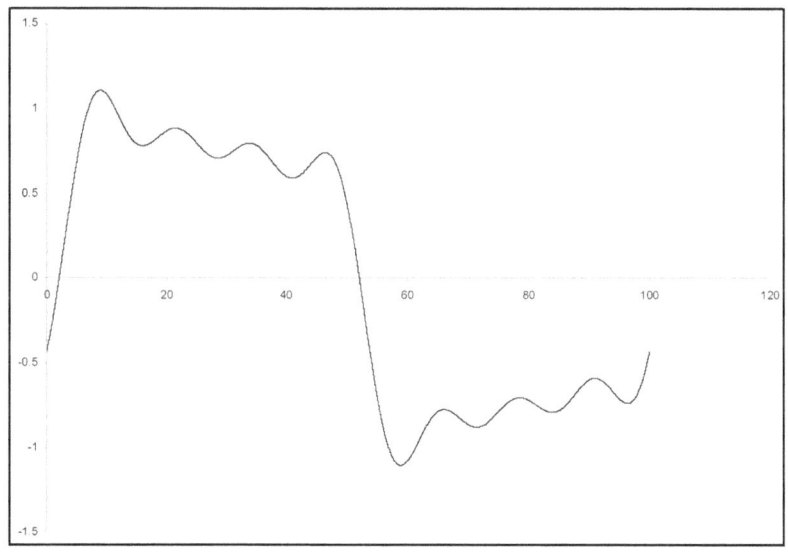

Ilustración 11.6
Suma de fundamental y armónicos desfasados

Parte dos | Ajuste de tu tono

Un buen cable de guitarra sólo afecta a aquellas frecuencias que:

- Son tan altas que no están en la señal de la guitarra.
- Están filtradas en gran medida por otras partes del equipo.
- Están más allá del rango auditivo.

Un cable defectuoso se meterá directamente en la base del tono y arruinará el volumen de las frecuencias altas.

Dominio del tiempo de una onda de sonido

La segunda forma de entender una onda de sonido es verla en el dominio del tiempo. Es decir, ¿cómo se ve una onda en un osciloscopio?

En un osciloscopio no vemos un agrupamiento de las ondas senoidales individuales sino más bien el resultado de estas ondas fundidas juntas en una onda. La ilustración 11.4 muestra el resultado de agregar todas las ondas juntas de la ilustración 11.3.

Una señal en el dominio del tiempo muestra un cambio definido antes y después de pasar a través de un filtro pasabajos (la forma general de la onda es más suave).

Ahora, si tuviéramos un montón de filtros pasabajos idénticos y fuéramos lo suficientemente astutos como para colocar cada armónico a través de su propio filtro, seríamos capaces de ver algo interesante. Observando cada armónico filtrado por separado en un osciloscopio, veríamos que no sólo los armónicos más altos son más pequeños (más silenciosos) tras pasar por el filtro, sino que los armónicos más altos se desplazan en el tiempo relativo a la fundamental (casi como si pasar por el filtro hiciera que los armónicos altos pasen por una máquina del tiempo que les hiciera salir un poco más atrás de los armónicos de baja frecuencia).

Capítulo once | Alambres y cables

Este desplazamiento en el tiempo se conoce como "desfasaje o demora de grupo", y de verdad ocurre. Una señal que se ha desfasado no sólo tiene armónicos más altos que son potencialmente más pequeños, sino que también los armónicos altos se desplazan en relación a los demás armónicos. El desfasaje causa que la forma general de la onda se vea en el osciloscopio de forma diferente a la forma en que se ve cuando no ocurre ningún desfasaje.

La ilustración 11.5 muestra la misma fundamental y armónicos que la ilustración 11.3, excepto que los armónicos se han desfasado como si hubieran pasado a través de un cable lo bastante bueno para no cortar las altas frecuencias extremas de forma notable, pero lo bastante malo para causar un desfasaje.

El desfasaje de armónicos altos da la impresión de que el sonido se ha manchado o empañado y le falta claridad. Lo peor del desfasaje es que el efecto ocurre sobre un rango de frecuencias mucho mayor que la reducción auténtica de volumen de los armónicos altos que se suele dar con un filtro pasabajos. Por ejemplo, si tu filtro pasabajos empieza a afectar al volumen de los armónicos altos empezando en 20 kHz y más arriba, el desfasaje empezará a 10 kHz y a veces más abajo.

La ilustración 11.6 muestra el resultado de agregar la fundamental y los armónicos de la ilustración 11.5. La forma de onda en la ilustración 11.6 es reminiscente de la forma de onda en la ilustración 11.4, pero no cabe duda de que no es la misma y tus oídos sin duda podrán notar la diferencia.

Así que, cuando un guitarrista te dice que su mejor cable de guitarra de baja capacitancia hace que su señal sea más clara que con los cables normales, es probable que tenga razón, pero quizás no por el motivo que todos creen: la reducción de altas frecuencias. Probablemente, la claridad agregada es mayor debido al desfasaje de altas frecuencias o, más específicamente, a la falta de ellas.

PARTE DOS | Ajuste de tu tono

En resumen: busca cables con la capacitancia más baja por pie y los más cortos que puedas usar. Mis clientes y yo hemos tenido experiencias excelentes con el cable George L.

El corte de altas frecuencias extremas y el consecuente desfasaje no lo causa sólo el cable de la guitarra. Otra causa puede ser la impedancia de salida (resistencia CA) del dispositivo conectado al cable, la cual, junto con la capacitancia del cable, forma un filtro pasabajos. Así que, el reducir la impedancia de salida de la guitarra te ayudará a alcanzar el mismo efecto que usar un cable de una calidad verdaderamente alta.

¿Cómo controlas la impedancia de salida de la guitarra? Ajustándole el volumen. Las guitarras pueden llegar a tener impedancias de salida en la gama de los miles de ohmios hasta las decenas o centenares de miles de ohmios, dependiendo de si el control de volumen está completamente abierto (bajo ohmiaje) o completamente cerrado (alto ohmiaje).

El incremento en impedancia de salida de la guitarra, interactuando con la capacitancia del cable (y el amplificador) es lo que causa el corte de altas frecuencias extremas cuando bajas el volumen de la guitarra con la perilla de volumen. Si tienes un cable muy bueno (es decir, uno con una capacitancia baja) y un buen amplificador, no ocurrirá este efecto (o, dicho en términos técnicos: ocurrirá a una frecuencia tan alta que no te darás cuenta).

Búfer electrónico

En comparación, la impedancia de salida de un micrófono está en el rango de cientos de ohmios, así que puedes conectar un cable de micrófono diez veces más largo que un cable de guitarra y aún obtener una buena respuesta. Con un búfer electrónico en la guitarra o pedal de efectos puedes obtener también los mismos resultados (dependiendo de lo bueno que sea el búfer). Con un buen búfer puedes usar un cable de 1000 pies de largo y aún así sonar como un cable de 10 pies conectado directamente a la guitarra.

Capítulo once | Alambres y cables

Si en tu guitarra tienes un preamplificador que funciona a batería (también conocido como preamplificador activo), lo más probable es que tengas un búfer incorporado, y elegir cables no será un problema para ti. Si no tienes un preamplificador activo en la guitarra y te encuentras en una situación en la que tienes que conectar un cable muy, muy largo, primero conecta la guitarra (con un cable corto) a un búfer de sonido neutral y luego conecta el cable largo desde el búfer hacia donde tenga que ir.

Cables de bocina

Los cables de bocina se usan para transferir potencia desde los amplificadores hacia las bocinas. Transferir estas grandes cantidades de potencia es muy diferente a lo que hace un cable para guitarra.

Los cables de bocina no están hechos para mantener el ruido alejado, como los cables para guitarras. En lugar de un alambre vivo envuelto dentro de un conductor puesto a tierra (un cable coaxial), los cables de bocinas tienen el alambre vivo y el de tierra juntos, como el cable de alimentación CA de una lámpara. Tener dos alambres juntos reduce muchísimo la capacitancia por pie comparada con un cable coaxial, pero los cables de bocinas no tienen las propiedades de blindaje contra ruido de un cable de guitarra.

conductor positivo (tierra)

Afortunadamente, el ruido que se mete en los cables de bocina es tan pequeño comparado con las señales tremendas que llevan los cables, que en realidad no lo oyes. En términos técnicos, la relación señal-ruido es muy grande, y eso es lo que quieres conseguir en todos tus equipos.

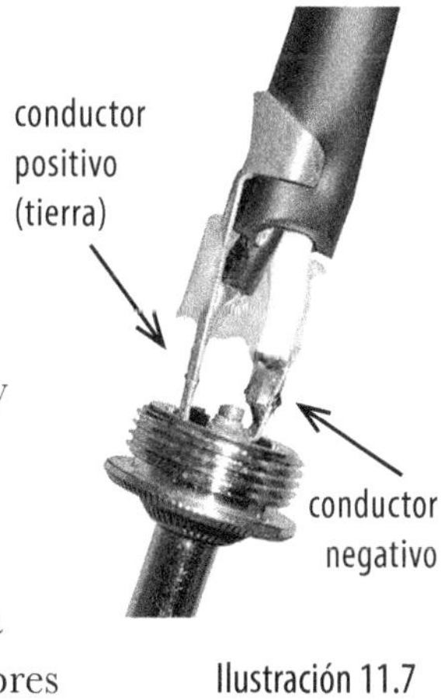

conductor negativo

Otra gran diferencia entre los cables de bocina y guitarra es la cantidad de corriente que fluye a través de los alambres de bocina, que es mucho mayor que la que fluye a través de los

Ilustración 11.7
Interior de un cable de bocina

cables de guitarra. Por tanto, la resistencia de los alambres y su capacidad para transportar corriente (también conocida como "ampacidad") se vuelven problemas graves (la resistencia en el alambre de cable de guitarra es un problema considerablemente menor a la capacitancia del cable de guitarra).

Cada alambre que puedas permitirte adquirir vendrá con cierta cantidad de resistencia. Esta resistencia de alambre convierte algo de la potencia del amplificador en calor, causando que el alambre se vuelva caliente y reduzca la potencia que llega a la bocina. La ampacidad de un alambre es la cantidad de corriente (medida en amperios) que puede transportar el alambre sin sobrepasar una cierta temperatura, a menudo 60 a 90 grados Celsius (que es bastante caliente).

A primera vista, pensarás que lo que necesitarás para tener un buen alambre de bocinas es tener el alambre de menor resistencia (y mayor ampacidad) posible. Lo más corto y grueso posible, hecho con el material de menor resistencia posible, usualmente cobre (o plata si te entra la locura).

Si un alambre de cobre corto y grueso sirve, ¿entonces por qué no usar cables de arrancadores de baterías y ponerles conectores en los extremos? Puedes hacerlo, pero la realidad es un poco más compleja. Tal como mencionamos en el ***Capítulo siete—Bocinas***, la diferencia entre la resistencia CC y la impedancia AC de un alambre juega un papel importante.

La impedancia CA de un cable de bocina es igual a la resistencia CC del cable MÁS la impedancia creada por la capacitancia e inductancia del cable. Anteriormente se ha explicado cómo el arreglo coaxial del cable de guitarra crea un condensador entre el alambre vivo y el blindaje a tierra.

En el caso de los cables de bocina, aunque hay alguna capacitancia entre los dos alambres adyacentes, hay también —y a menudo igual de importante— una inductancia entre los dos alambres.

Capítulo once | Alambres y cables

Cualquier alambre por el que fluye corriente tiene un campo magnético a su alrededor. Cuando dos alambres están juntos, el campo magnético producido por la corriente que fluye en un alambre afecta a la corriente que fluye en el otro, y viceversa. Con el cable de bocina, el resultado final es la creación de un inductor virtual (una bobina) en serie con el cable de bocina (también conocido como "choke"). Un inductor en serie con el flujo de electricidad hace que el voltaje caiga a través de él, reduciendo el voltaje transferido a la carga, que en este caso es la bocina.

Como con la capacitancia del cable de guitarra, la inductancia del cable de bocina afectará a las frecuencias más altas de forma mucho más dramática que a las frecuencias más bajas. El resultado es una caída de volumen en frecuencias más altas junto con el correspondiente desfasaje, y ambos se combinan para empañarte el tono.

Para minimizar este efecto, el diámetro del alambre del cable debe ser lo más pequeño posible, por eso no es una buena idea usar cables para baterías de autos como alambres de bocinas. Una vez vi un estudio de ingeniería en una revista de audio ahora fuera de circulación sobre diversos alambres de bocinas, incluyendo cables para arrancar baterías. Era sorprendente ver lo malos que eran los cables para baterías.

Así que un alambre para bocinas de calidad tiene requisitos contrapuestos: un alambre grande para resistencia baja y un alambre más pequeño para una inductancia más baja. En términos generales, si el cable de la bocina está entre 16GA y 12GA y es lo más corto posible, no tendrás problemas[1].

En resumen: no gastes un dineral en alambres grandes y gordos para bocinas. El alambre para bocina de mejor calidad trata de alcanzar un equilibrio mágico de baja resistencia, baja capacitancia y baja inductancia. Yo, personalmente, he tenido buena suerte con los cables Evidence.

Cable plano de bocinas

Si en verdad quieres ser todo un audiófilo con los cables de bocinas, lo mejor que he oído jamás, así como el mejor desempeño en pruebas de ingeniería, viene de los cables planos. Los cables planos parecen cintas y tienen un gran número de alambres pequeños aislados uno del otro (quizás 12 ó 20, o quizás más).

Sin embargo, un cable plano dentro de un amplificador suele ser una señal de que has comprado un amplificador de baja calidad producido en masa. Al usarse para llevar un montón de señales diferentes de un punto a otro, los cables planos pueden causar una gran diafonía. La diafonía ocurre cuando la señal de una parte del amplificador se inyecta a otra parte del amplificador donde no corresponde, lo cual arruina el sonido.

El cable plano para alambres de bocina, sin embargo, sólo lleva una señal, la de salida del amplificador a la bocina, y la diafonía no es una posibilidad.

Los alambres en el cable plano tienden a ser más bien pequeños, de 22GA o menos. Este tamaño pequeño es ideal para un cable de bocina, ya que el objetivo es reducir la inductancia. Al conectar de forma alterna los alambres de tierra a vivo, el montón de alambres pequeños crea un gran alambre, creando una resistencia CC baja y una inductancia no demasiado grande.

He visto que estos cables planos se han usado bastante como alambres de bocina para sistemas estéreo de alta gama, pero no se ven muy a menudo en amplificadores de guitarra o sistemas de megafonía. Planet Waves hace un alambre plano para bocinas compatible con amplificadores de guitarra que vale la pena probar.

Si tienes dificultades para comprar cables buenos de bocina, tómate el tiempo de ver qué alambres hay dentro del gabinete. He visto algunas excusas atroces de alambres de conexión usados en gabinetes 4 x 12 producidos en masa. Me asombra que los alambres en algunos de estos gabinetes no brillen al rojo vivo y se quemen.

CAPÍTULO ONCE | Alambres y cables

Si tu gabinete tiene algunos alambres muy delgados, consíguete algunos alambres de conexión trenzados de 18GA ó 16GA e instala todo el cableado en el gabinete (o haz que lo haga el técnico). El voltaje nominal del aislamiento del alambre no es problema porque no vas a obtener más de 60 V del amplificador (incluso con un amplificador de 200 W), así que estará bien un aislamiento de 100 V. Si quieres lucirte, usa alambres de conexión sofisticados enchapados en plata. Mouser Electronics es un buen proveedor.

Finalmente, no dejes los alambres conectados hasta el fin de los días. El metal en el conector del alambre, así como el conector en el amplificador y en la bocina se corroerán ligeramente (a menos que sean de oro), lo que hará que aumente la resistencia de los conectores. Extrae el conector, límpialo y vuélvelo a conectar de cuando en cuando.

Lo mismo para tu equipo de estéreo, pedales de efectos o cualquier cosa con conexiones mecánicas.

Cable de alimentación

El último tipo de cable que deben conocer los guitarristas es el cable de alimentación que va del tomacorriente al amplificador. Este cable lleva entre 1 A y 10 A desde los cables de la red de suministro eléctrico al cableado interno de CA del amplificador. Su objetivo es transferir la potencia del tomacorriente de pared al amplificador con la mínima cantidad de caída de voltaje posible.

Para minimizar la caída de voltaje, la resistencia CC del alambre tiene que ser baja. Como la frecuencia de la potencia eléctrica que pasa por el cable siempre es baja (60 Hz en Norteamérica y Sudamérica y 50 Hz en el resto del mundo), al rendimiento del cable no le afecta su capacitancia o inductancia. Estos dos parámetros afectan mucho más a las frecuencias altas que a las frecuencias muy bajas. Sin embargo, la resistencia afecta a todas las frecuencias por igual, incluyendo la frecuencia cero (o CC).

PARTE DOS | Ajuste de tu tono

Así que, dada la cantidad de corriente que extraen la mayoría de amplificadores, un alambre de 18GA es un buen cable de alimentación. Si te entra la locura o tienes un amplificador enorme, usa un alambre de 12GA. Como el cableado de la red eléctrica de tu casa es de 12GA, el hecho de aumentar el grosor no tendrá un impacto sónico notable.

Pero si de verdad te dan ganas de sacar los arrancadores de batería para incrementar el encanto de tu equipo de amplificación, usar el cable de alimentación es la forma de hacerlo.

Algunos cables de alimentación excelentes están disponibles a precios que van de cientos a miles de dólares. Estos cables sofisticados suelen incluir conectores de grado médico, definitivamente mejores que los conectores regulares.

Los conectores de grado médico tienen terminales sólidos en vez de plegados. Los terminales sólidos son buenos para conexiones a tierra muy robustas. Un cable de grado médico significa que **SÓLO LOS CONECTORES** son de grado médico. El cable en sí puede ser cualquier tipo de alambre, así que asegúrate de verificarlo (no tiene sentido tener conectores de alta gama y un alambre de baja gama). Los conectores tipo médico auténticos tienen un punto verde, generalmente cerca del terminal de tierra.

Tengo varios cables de alimentación de grado médico, pero no los uso a menudo. No me gusta el alambre enorme, y son tan sofisticados que no los saco del estudio. Pero es un placer verlos.

La única razón técnica para usar alambres más gruesos que 12GA en los cables de alimentación es tener un circuito desde el panel de alimentación hasta la sala de amplificador usando un alambre de 10GA, sólo entonces se entendería el uso de uno de 10GA. Pero aún así, tu amplificador no extrae tanta corriente de la red para que represente una gran diferencia, aunque cada poquito ayuda.

Usar un cable de alimentación blindado puede representar una gran diferencia cuando estés tratando de reducir el ruido eléctrico.

CAPÍTULO ONCE | Alambres y cables

Básicamente, los cables de alimentación de CA irradian un ruido eléctrico de CA hacia su entorno. Un cable de alimentación blindado mantendrá esta fuente particular de ruido eléctrico dentro del alambre y fuera del resto de tu equipo.

Un último consejo

Si el amplificador te da la opción para 240 V, te doy una sugerencia si en verdad quieres obtener alta gama con tu potencia de CA.

Pídele al electricista que instale una línea de 240 V desde tu panel de alimentación a la sala del amplificador. Consíguete un cable especial para 240 V y conéctalo desde tu amplificador al tomacorriente. Usa el amplificador a 240 V.

Con la selección de 240 V se usan todos los devanados del lado primario (de entrada) del transformador de potencia, pero solo extraen la mitad de la corriente de la pared (comparada con los 120 V normales en Norteamérica). La caída de tensión debida al flujo de corriente en el cableado de la red y en tu sofisticado cable de alimentación sólo será la mitad de lo que sería si usaras el amplificador a 120 V.

Ten en cuenta que los proveedores de partes en EE. UU. pueden rotular los enchufes, tomacorrientes, etc. de 220 V en lugar de 240 V; no es más que un hábito difícil de cambiar. Puedes estar seguro de que el voltaje de red estará entre los 240 V y 250 V.

En aras de usar todo el devanado de un transformador, es decir, un voltaje más alto y una corriente más baja, puedes también usar un gabinete de bocina de ohmiaje más alto. Por ejemplo, un gabinete de 16 ohmios usará todo el devanado del lado secundario del transformador de salida y extraerá la mitad de amperios^2 de un gabinete de bocina de 4 ohmios. Esto hara que caiga la mitad del voltaje en tu alambre de bocina frío, haciendo que tu tono sea el doble de bueno. ♪

Parte dos | Ajuste de tu tono

Notas al final del capítulo

1. El grosor de alambres se mide por calibre (Gauge, abreviado GA). A menor el número de GA, más grande será el diámetro del alambre.

2. Exacto (la mitad de la potencia). La ecuación es:

$$\text{Corriente}^2 \times \text{impedancia} = \text{potencia}$$

Cuando toco la guitarra, se me callan las voces que tengo en la cabeza.

"grateful ed" knowlton
picus maximus

Capítulo doce

Unas palabras sobre volumen

El volumen trae la magia de los amplificadores antiguos y de estilo tradicional. A más fuerte, mejor. El volumen también invoca la magia en los amplificadores de volumen general y multicanal. Por este motivo, muchos guitarristas padecen de tinnitus o pierden el oído en busca de ese tono perfecto. No me cansaré de repetir lo importante que es usar tapones para los oídos.

> 🎧 **ADVERTENCIA**
> Usa siempre tapones para los oídos cuando toques la guitarra con un volumen más alto que el que tendría el televisor al escucharlo a nivel agradable. El tinnitus es para siempre. La canción que tocas no.

Por qué el volumen más alto suena mejor

Los amplificadores suenan mejor a volúmenes más altos por varios motivos. Algunos tienen que ver con la forma en que funcionan el amplificador y las bocinas a volúmenes más altos (potencia de salida), y otros tienen que ver con cómo te reaccionan los oídos a volúmenes más altos. Todos los motivos, sin embargo, están relacionados con la naturaleza no lineal de la realidad.

Respuesta del amplificador a volúmenes más altos

Los amplificadores suenan mejor a volúmenes más altos porque el amplificador de potencia está distorsionando. La distorsión de amplificador de potencia es un tono inherentemente atractivo y particular que va bien con todo tipo de música, desde jazz hasta heavy metal. Si sólo vas a depender de la distorsión de preamplificador para obtener el tono, te quedarás corto.

Para llevar el amplificador de potencia a la distorsión, tienes que asegurarte de que el amplificador de potencia produzca tantos vatios como sea posible. El problema, claro está, es que si el amplificador tiene una capacidad mayor de 2 W, el volumen empezará a subir rápidamente.

Además de la distorsión de amplificador de potencia, a medida que vas subiendo el volumen, las bocinas pasan de estar dormidas a estar más "despiertas" y luego a quebrarse en una distorsión que le da fuerza a tu tono, mostrando el verdadero carácter de la bocina individual. Por supuesto, todo este carácter va a tener un volumen muy, muy alto.

Finalmente, cuando subas el volumen del amplificador lo suficiente como para empezar a distorsionar el amplificador de potencia, la fuente de alimentación empezará a crear una caída de voltaje (sag). Una fuente de alimentación con voltaje cayendo (sagging) le añade una redondez al tono y una respuesta de toque al amplificador que no puedes obtener mediante ningún otro método.

Capítulo doce | Unas palabras sobre volumen

Respuesta del oído humano a volúmenes más altos

Las oídos, al igual que los amplificadores, no funcionan de la misma forma en cada nivel de volumen. A volúmenes más bajos, la respuesta de frecuencia de tus oídos está a su nivel más alto en el medio y cae en frecuencias más bajas y más altas. Esta respuesta no plana es el motivo por el cual los estéreos tienen controles de compensación (*loudness*). A volúmenes más bajos, el control de compensación incrementa los bajos y agudos para compensar a tus oídos.

A medida que el volumen va subiendo, los oídos desarrollan una respuesta de frecuencia cada vez más plana, así que a volúmenes más altos, el oído y el cerebro lo percibirán a igual nivel. Esta respuesta dependiente de volúmenes se demostró en el trabajo innovador de Fletcher y Munson, y se muestra en las tablas de respuesta de frecuencia que ellas crearon, llamadas "curvas Fletcher-Munson".

Además de los cambios en respuesta de frecuencia que muestran los oídos a medida que sube el volumen, aparece otro fenómeno: tus oídos funcionan mejor a volúmenes más altos. Este comportamiento extraño puede describirse más fácilmente como una analogía a la reacción de los ojos ante la luz, que es considerablemente similar a la respuesta de los oídos al volumen.

Como todos sabemos, vemos mejor con luz brillante. Sin embargo, si piensas en letras negras sobre una página en blanco, el contraste entre el blanco o el negro se mantiene igual, tanto si hay mucha luz o muy poca. Pero con luz más brillante, los ojos se despiertan y se vuelven más sensibles.

Más luz es a los ojos como más volumen es a los oídos. Y como con los ojos, los oídos son capaces de oír mejor sutiles connotaciones en música cuando la música es más fuerte, ya que los oídos son más sensibles a volúmenes más altos.

Así como mirar al sol te puede cegar, escuchar música demasiado fuerte puede causarte tinnitus o volverte sordo. Si regresas de

Parte dos | Ajuste de tu tono

practicar y los oídos te zumban durante varias horas, has tocado demasiado fuerte y es posible que sufras un daño permanente en la audición.

Para combatir la necesidad de volumen/potencia alta del amplificador versus tu necesidad de protegerte la audición y evitar que la policía interrumpa tus sesiones de práctica, los fabricantes han desarrollado los siguientes métodos:

- Perillas de vataje.
- Cargas ficticias o atenuadores.
- Perillas de volumen general.
- Transformadores variables o Variacs.
- Sag Circuit.

Si tienes un amplificador de tubos con cuatro tubos, puedes quitar un juego de dos tubos para bajar el volumen del amplificador, pero también tendrás que modificar la configuración de impedancia de la bocina (ver el **Capítulo cinco—Rabdomancia para tonos** para más información).

Perillas de vataje

Algunos amplificadores vienen con una perilla de vataje o interruptor de vataje que te permite controlar el número de vatios que el amplificador es capaz de producir. Aunque los controles de vataje ayudan a reducir el volumen, también reducen el nivel de caída de voltaje (sag), y por tanto la capacidad de respuesta.

Capítulo doce | Unas palabras sobre volumen

Cargas ficticias (también conocidas como atenuadores)

Las cargas ficticias son dispositivos que van entre la salida del amplificador y la bocina. El propósito de una carga ficticia es absorber la cantidad de potencia que desees y enviar la potencia restante a la bocina. El amplificador seguirá generando la misma cantidad de potencia, sólo que algo de dicha potencia se deriva a la carga ficticia en lugar de que toda la potencia vaya directa a la bocina.

Aunque las cargas ficticias en teoría son buenas, interrumpen la conexión entre los tubos de salida, el transformador de salida y la bocina. Los instrumentos musicales no son como un buzón de correo en donde uno pone toda la potencia en el cable de bocina y se olvida de todo. Los tubos de salida, el transformador de salida, el cable de bocina, las bocinas y el gabinete de bocina están todos vinculados muy estrechamente como sistema, no son sólo una cadena de eventos. Si "rompes" el sistema insertando otro dispositivo, acústicamente pasará algo malo.

Sin embargo, si mantienes la cantidad de potencia absorbida por el atenuador a un mínimo, el efecto negativo en tu tono será menos perceptible, pero si empiezas enviando 99 W a la carga ficticia y 1W a la bocina, tu tono sufrirá.

Los atenuadores son también notoriamente dañinos para los tubos de potencia y transformadores de salida, y suelen hacer que los tubos se fundan y que los transformadores de salida echen humo, creando otras pesadillas con la garantía (ver el ***Capítulo dieciséis — Principios básicos de seguridad***).

Parte dos | Ajuste de tu tono

Volúmenes generales

Las perillas de volumen general controlan el nivel de la señal enviada al amplificador de potencia una vez pasa a través del preamplificador. Esta técnica permite a los guitarristas aplicar overdrive a volúmenes bajos. Desafortunadamente, la única forma de obtener distorsión de amplificador de potencia es subir el volumen al máximo.

La distorsión de preamplificador es clave para la música metalera, pero la distorsión de preamplificador por sí sola no crea un buen tono. Si estás subiendo el preamplificador al máximo, también tendrás que subir al máximo el volumen general para obtener la distorsión de amplificador de potencia, si no lo haces no vas a obtener esos tonos exactos que está creando tu guitarrista-triturador.

Transformador variable (también conocido como Variac)

Un transformador variable, o Variac, es un dispositivo que usas entre el tomacorriente de la pared y el amplificador. Enchufas el transformador variable en el tomacorriente y luego enchufas el cable de alimentación del amplificador en el transformador variable.

Al permitirte ajustar la cantidad de voltaje que recibe el amplificador, un transformador variable te permite reducir la potencia que el amplificador es capaz de producir.

Tres motivos para querer el control de voltaje:

- Puedes distorsionar el amplificador de potencia a volúmenes bajos.
- Puedes controlar el sonido del amplificador.

Capítulo doce | Unas palabras sobre volumen

- Puedes hacer a que el amplificador dure más: el voltaje que sale de un tomacorriente no sólo varía de tomacorriente a tomacorriente sino de hora a hora. Los amplificadores duran más si siempre reciben 117 V AC (o cualquiera que sea el voltaje apropiado en el país en que vives).

Tres problemas con los transformadores variables incluyen:

- A más reduces el voltaje, peor sonará el amplificador, lo cual puede solucionarse si un técnico coloca un segundo transformador de potencia en el amplificador para proveer suficiente voltaje a tus calentadores. El transformador de calentador se conecta entonces al voltaje normal de la red, y el resto del amplificador se conecta al transformador variable. Aunque este enfoque es ciertamente intricado, funciona.

- El timbre y la capacidad de respuesta al toque del amplificador cambia a medida que cambias las configuraciones de voltaje. Específicamente, el suministro de potencia del amplificador se "flexiona" cada vez menos (menos sag) a medida que bajas el voltaje. Sentirás que el amplificador estará cada vez más rígido y brillante, descartando por completo una de las razones para usar el transformador variable: disfrutar del tono al máximo y de una capacidad de respuesta de toque a volúmenes más bajos.

- No puedes sólo conectarte y tocar. Estás constantemente ajustando y reajustando. No puedes configurar un transformador variable para un voltaje de salida específico, sólo puedes configurarlo a una tasa de entrada/salida de voltaje. Cuando cambia el voltaje del tomacorriente (lo cual ocurre muy a menudo), debes sentarte con el transformador variable y con un voltímetro para reajustar el voltaje de salida.

The Sag Circuit

Por todos estos motivos, he creado el Sag Circuit. Este diseño de suministro de potencia , que es muy distinto, te permite ingresar caídas de tensión en la fuente de alimentación a volúmenes tan bajos como ½ W mediante dos perillas, Sag y Wattage (vataje). Al controlar el comportamiento dinámico de la fuente de potencia, el circuito Sag permite a los guitarristas prácticamente reconstruir sus amplificadores con el giro de estas dos perillas.

Desafortunadamente, el circuito es complejo y caro de fabricar así que, a la fecha de esta publicación, los únicos amplificadores que llevan el Sag Circuit son de Maven Peal. ♪

Parte Tres

Lo básico

13 | Aspectos básicos de amplificador

14 | Principios básicos de distorsión

15 | Principios básicos de tubos

16 | Principios básicos de seguridad

17 | Conexión de equipos a tierra

Bueno, creo recordar llevarme las manos a la cabeza ante la muestra caleidoscópica de luces que tenía ante mis ojos. De alguna forma entré en uno de esos momentos que transforman a una persona para el resto de su vida. En ese momento, tomar la guitarra parecía lo más natural. Cada nota era un universo resplandeciente y cambiante de amor puro, revelándose en formas que nunca pude imaginar. Fue hace mucho tiempo, pero siempre recordaré el momento en el que aprendí que mi instrumento podía ser un camino hacia Dios.

Shawn Schollenbruch

Capítulo trece

Aspectos básicos del amplificador

Un amplificador de guitarra, ya sea basado en tubos, transistores o procesamiento digital, consta de cuatro partes principales: el preamplificador, el control de efectos (opcional), el amplificador de potencia y la(s) bocina(s). Como las bocinas son un tema tan amplio y ajeno al amplificador, se tratan en detalle en el ***Capítulo siete—Bocinas***.

Los amplificadores digitales usan una computadora para el preamplificador y un circuito transistorizado para el amplificador de potencia, muy de vez en cuando se usa un circuito basado en tubos. Los preamplificadores digitales y otros modelizadores de amplificadores basados en computadoras (como GarageBand) no se explican aquí, ya que estos modelizadores intentan simular los amplificadores reales…¡que son el tema de este libro!

El *Apéndice D—Diagramas de bloque de amplificadores* muestra los diagramas de bloque básicos para amplificadores de tubos tanto antiguos como modernos. Ten en cuenta que, debido a limitaciones de espacio, la ilustración de bloques completos de fuente de potencia sólo se muestra en la figura para el amplificador antiguo. Los amplificadores tanto antiguos como modernos emplean el mismo diseño de fuente de potencia que el que tomó Leo Fender del *Radiotron Designer's Handbook* hace más de 50 años[1].

El preamplificador

El preamplificador opera en señales de nivel relativamente bajas (también conocido como el nivel de preamplificador) tales como las señales que salen de la guitarra o las señales que van a una consola mezcladora. Las señales de nivel de preamplificación no son lo suficientemente poderosas como para hacer sonar una bocina. De ahí que se necesite un amplificador de potencia.

Modificar el tono de un amplificador y crear funciones ajustables por el usuario, tales como un EQ (o ecualizador) es más fácil de hacer en las señales de bajo nivel que existen en el preamplificador. La idea básica detrás de todos los amplificadores es efectuar primero todo el proceso en el preamplificador y circuitería de controles de efecto y luego, como último paso, incrementar la potencia para hacer sonar las bocinas mediante el amplificador de potencia.

Las funciones del preamplificador son:

- Incrementar el nivel de señal de entrada, creando varios grados de distorsión en todo el proceso.
- Controlar el timbre con los controles de tono.
- Definir la reproducción de sonido o el tono básico del amplificador.

Capítulo trece | Aspectos básicos de amplificador

El preamplificador incrementa las señales multiplicando la señal de entrada para crear una señal de salida. El factor multiplicador empleado se denomina ganancia, y determina la forma en que suena el amplificador, crea sustain y comprime. Los amplificadores antiguos tienen muy poca ganancia de preamplificador, mientras que los amplificadores de volumen general tienen mucha.

La mayor diferencia entre los diferentes canales en un amplificador multicanal es el nivel de ganancia. La ganancia suele ocurrir en diferentes etapas, y cada etapa multiplica su señal de entrada para crear una señal más grande y, generalmente, más distorsionada.

Para obtener cada vez mayores cantidades de ganancia, se agregan etapas de ganancia adicionales a una sección de preamplificación. Los amplificadores antiguos y el canal limpio en un amplificador moderno usualmente tendrán una o dos etapas de ganancia de preamplificación. Los canales de preamplificación de alta ganancia pueden tener tres, cuatro, cinco o incluso seis etapas de ganancia de preamplificación para lograr el sustain y la distorsión que desea el fabricante.

Como el preamplificador en conjunto, cada etapa de ganancia tiene una entrada, un factor de multiplicación y una salida. Además, cada etapa de ganancia tiene una salida máxima. Si la señal de entrada a una etapa de ganancia es tan grande que la salida máxima se alcanza antes del máximo de la señal de entrada, la salida se recorta, produciendo distorsión o recorte. El hecho de llevar el recorte a múltiples etapas de ganancia produce cantidades de distorsión cada vez más altas.

Una etapa de ganancia está centrada alrededor de un dispositivo amplificador (o multiplicador). En caso de los amplificadores de tubos, el dispositivo amplificador es un tubo preamplificador triodo o pentodo. Ten en cuenta que los tubos de preamplificación triodos tienen dos triodos en cada contenedor de vidrio, mientras que los pentodos suelen enter uno, así que puedes obtener dos etapas de ganancia de un tubo de preamplificación de triodo o una etapa de ganancia y alguna otra función como la de un seguidor catódico.

En un amplificador de transistores, los transistores individuales (o amplificadores operacionales u op-amps) montados directamente en el circuito se usan para cada etapa de ganancia. Una de las ventajas que ofrecen los amplificadores de tubos a los guitarristas es el que los tubos de preamplificación (el corazón de cada etapa de ganancia) se pueden intercambiar fácilmente para ajustar el tono. Los transistores y/u op-amps en un amplificador de estado sólido no se pueden cambiar, por tanto tienes menos opciones, o ninguna, para modificar el tono.

Como cada etapa de ganancia de preamplificador multiplica las señales entrantes por un factor tan grande, es importante que el ruido externo no entre al circuito para que no se amplifique. Mientras que el chasis de metal del amplificador suele proteger el circuito interno de un amplificador contra el ruido externo, el chasis no es lo suficientemente alto como para evitar que los tubos de preamplificación sobresalgan, haciendo a estos tubos vulnerables ante el ruido externo. Por este motivo, los fabricantes a menudo usan los blindajes de metal alrededor de los tubos de amplificación para evitar que el ruido se meta directamente a los tubos.

Además del dispositivo de amplificación, una etapa de ganancia tiene un número de resistores, condensadores y a veces inductores asociados con ella. Los resistores, condensadores e inductores se conocen como componentes pasivos (o simplemente "pasivos"), ya que en realidad no amplifican nada.

LOS PASIVOS EN UNA ETAPA DE GANANCIA DETERMINAN VARIOS FACTORES COMO:

- Cuánta ganancia produce la etapa.
- Qué frecuencias se incrementan por la etapa (el circuito puede diseñarse de manera que sólo se incrementen determinadas frecuencias).

Capítulo trece | Aspectos básicos de amplificador

- Qué tipo de distorsión producirá la etapa de ganancia (la mezcla de armónicos generados).
- Qué nivel de señal entrante se necesita para llevar la etapa a la distorsión.

Los diseñadores de amplificadores a menudo consideran la reproducción de sonido (*voicing*) de un amplificador como el último paso durante la etapa de diseño. La sonorización de un amplificador consiste básicamente en elegir qué frecuencias se acentúan en el amplificador. Estas opciones se implementan mediante la selección de los valores exactos de los pasivos que rodean las etapas de ganancia.

Como con todo en la vida, hay pasivos terribles y otros buenos. Los pasivos buenos pueden costar cientos de veces más que los terribles y baratos, y pueden tener un efecto muy evidente en el tono. Los buenos componentes electrónicos brindarán la claridad, suavidad, mayor respuesta de frecuencia, definición cuerda por cuerda y sustain que los pasivos baratos simplemente no pueden entregar. Estas diferencias son aparentes ya sea si estás tocando con el amplificador limpio o sucio, con o sin pedales, y pueden hacer que un amplificador llegue a inspirar o, por el contrario, roce la mediocridad.

Los controles que puede ofrecer un preamplificador incluyen ganancia, controles de EQ/tono, controles de efectos, Reverb y Tremolo/Vibrato.

Control de ganancia

La perilla de ganancia, *gain* o perilla de volumen en amplificadores sin volumen general, se usa para controlar el factor de multiplicación general del amplificador. La perilla de ganancia logra este control introduciendo un factor de división en medio del preamplificador, usualmente después de la primera etapa de ganancia. Este factor de división corta la ganancia general del preamplificador, aunque las etapas de ganancia siguen produciendo el mismo nivel de multiplicación.

Cuando el preamplificador está por debajo del recorte, los controles de ganancia (o volumen) controlan el volumen real del amplificador. Una vez que el preamplificador empieza a recortar, los niveles más altos de la perilla de ganancia (o volumen) ajustarán el nivel de distorsión de preamplificador.

Controles de EQ/tono

Además de crear ganancia, el preamplificador es también el lugar donde residen los controles de tonos (bajos, medios, agudos o simplemente tono). En muchos amplificadores, la circuitería detrás de los controles de bajos, medios y agudos está arreglada en una formación en escalera y, por tanto, se le denomina a menudo control de tonos (*tone stack*). El tone stack también se conoce como EQ (abreviación de *equalizer* o "ecualizador") ya que te permite ajustar el balance de frecuencias en el amplificador.

Hay dos configuraciones básicas de circuito de tone stack. En los amplificadores que son variaciones de Fender Blackface, el tone stack se encuentra inmediatamente después de la primera etapa de ganancia. Tras el tone stack, la señal se amplificará por etapas de ganancia adicionales.

En amplificadores inspirados por Tweed Bassman de Fender y Top Boost AC30 de Vox (incluyen a los Marshall y a la mayoría de amplificadores modernos), el tone stack es la última etapa en el circuito de preamplificación, colocado antes de los controles de bucle de efectos y volumen general. Al tone stack en estos amplificadores también le precede un circuito intermedio (búfer) de baja impedancia denominado seguidor catódico.

El circuito seguidor catódico, que actúa como búfer, se construyó usando uno de los triodos del penúltimo tubo de preamplificación. Energizar el tone stack mediante un búfer de baja impedancia en lugar de hacerlo con una etapa de ganancia normal con alta impedancia, da como resultado un control mucho más efectivo del EQ total del amplificador. Además, tener los controles de tono una vez que la distorsión de preamplificación se haya generado (en

Capítulo trece | Aspectos básicos de amplificador

lugar de antes) tiene un efecto significativo en el sonido sucio del amplificador.

Así que, aunque no existe una colocación correcta o incorrecta del tone stack en el amplificador, sí habrá una diferencia en la respuesta y en el tono del circuito de preamplificación.

Control de efectos

La razón para colocar un dispositivo de efectos tras el preamplificador depende de la naturaleza exacta del efecto. El overdrive, la distorsión y el fuzz suelen sonar mejor cuando están frente al amplificador, es decir, conectas la guitarra a los efectos, luego sales de los efectos y pasas a la entrada regular del amplificador. Por otro lado, los efectos tales como el echo, reverb, delay, chorus y flange (que tienen que ver todas con el desplazo en el tiempo de tu señal) suenan mejor tras la distorsión creada por el preamplificador.

Reverb

Muchos amplificadores incluyen el reverb como una opción tonal. El reverb es, básicamente, un dispositivo electromecánico de eco con un conjunto de resortes dentro de una caja metálica llamada "Tanque de Reverb". Dentro del tanque, ambos extremos de los resortes están conectados a dos bobinas de voz de bocinas: las bobinas de voz de reverb de entrada y salida.

Un miniamplificador de potencia que imita la salida de las bocinas de los amplificadores de tubos excita la bobina de voz de reverb de entrada. Los tubos de preamplificación se usan para el "tubo de salida" de reverb debido a que la potencia necesaria para energizar un resorte de reverb es mucho más baja que la potencia necesaria para hacer sonar la bocina. Y, como te podrás imaginar, el transformador de salida de reverb es muy pequeño. En lugar de sacudir hacia adelante y hacia atrás un cono de bocina, la bobina de voz de reverb de entrada sacude los resortes del tanque de reverb hacia arriba y hacia abajo.

Parte Tres | Lo básico

La bobina de voz de reverb de salida funciona exactamente a la inversa de la bobina de voz de reverb de entrada. Los resortes vibrantes en el tanque sacuden la bobina de voz dentro y fuera de un campo magnético, generando una señal eléctrica a la par con el nivel de señal que sale de la guitarra. Esta señal de salida de reverb (también conocida como la "señal húmeda" o "señal procesada") se incrementa a continuación mediante un circuito de recuperación de reverb de señal de preamplificación, que también emplea un tubo de preamplificación.

En amplificadores de potencia a transistores, los transformadores de salida no se usan; del mismo modo, los amplificadores de transistores no requieren de un transformador para excitar el reverb.

Tras el circuito de recuperación de reverb, la señal de reverb (húmeda) se mezcla con la señal original sin procesar (seca) que no pasó a través del tanque de reverberación mediante la perilla de Reverb.

Para visualizar cómo crea ecos, imagínate un resorte bastante estirado sacudiéndose. Cuando sacudes el resorte una vez, la onda va y viene en el resorte hasta que termina por desvanecerse. Cada vez que la onda llega al extremo del resorte, la salida del tanque de reverb detecta el movimiento y lo convierte en una señal eléctrica.

Por este motivo, nunca le des una sacudida física al amplificador mientras toques a través del reverb. Como el tanque de reverberación funciona sacudiendo resortes y los resortes se sacuden mucho más por el movimiento físico que lo que jamás podrán sacudirse debido al amplificador de salida de reverb (también conocido como el controlador de reverb), el tanque, al sacudirse, crea un chasquido desconcertante que puede ser devastador para las bocinas.

Capítulo trece | Aspectos básicos de amplificador

Ω **ADVERTENCIA**
Nunca muevas el amplificador mientras toques la guitarra a través de un tanque de reverb, ya que puedes causar un daño permanente a los amplificadores.

Los circuitos de recuperación de reverb basados en tubos se suelen diseñar en torno a un tubo de preamplificación 12AX7. Aunque puedes usar otros tipos de tubos en esta posición (12AT7, 12AU7, 12AY7), notarás una señal más baja de reverb general y tendrás que subir la perilla de reverb más alto para obtener el mismo nivel de efecto.

Antes de que creara reverb incorporado, Fender produjo una maravillosa unidad autónoma de reverb de tres perillas como efecto externo para sus amplificadores. Los reverbs de tres perillas usaban un tubo de potencia real (6K6 ó 6V6) para energizar sus tanques de reverb. La perilla Mix ("mezcla") en estas unidades es equivalente a la perilla Reverb en amplificadores con reverberación de una perilla. El control Dwell ("permanencia") rige cuán intensa es la señal que va a los resortes y te permite ajustar lo fuerte que será la sacudida que obtendrás de los resortes.

El control Tone ("tono") ajusta el tono de la señal de reverb. Estas unidades son muy versátiles y producen un tono de reverb muy exuberante y fácil de controlar.

Algunos amplificadores especializados tienen tres perillas de reverb. Es muy probable que los reverb en estos amplificadores se basen en la unidad autónoma de reverb de tres perillas de Fender.

Trémolo/vibrato

Algunos amplificadores, especialmente los Fender tras la era Tweed, incluyen un circuito trémolo que usualmente está rotulado incorrectamente como "vibrato". El trémolo es cuando un sonido sube y baja en volumen, y esto es relativamente fácil de lograr con la electrónica. El vibrato es el sonido que sube y baja en tono (como el "yodel"), y es bastante difícil de lograr con la electrónica.

El único amplificador de tubo que incluye vibrato auténtico es el Magnatone, que es bastante más complicado que la mayoría, y casi imposible de encontar.

Fender usaba una progresión de circuitos trémolo (rotulada "vibrato" en el panel frontal) en los amplificadores Brown Tolex, Blond Tolex y Blackface. En el Brown de mayor potencia, y especialmente en los Blond, Fender usaba un circuito bastante complejo para crear un trémolo con sonido muy exuberante en el preamplificador. Usa siempre tubos de preamplificación de inventario 12AX7 (alias 7025) en esta parte del preamplificador para que el trémolo continúe funcionando bien.

Curiosamente, el Brown Fender Deluxe tiene un circuito trémolo (de nuevo rotulado mal como "vibrato") que actúa directamente en los tubos de potencia, modificando en realidad la polarización para crear el efecto trémolo. Este es el único efecto que he visto que opera en el dominio de amplificación de potencia en lugar de hacerlo dentro del preamplificador.

Bucles de efectos

Los bucles de efectos crean un método para acceder a la señal una vez ha pasado por el preamplificador pero antes de que pase a través del amplificador de potencia. Hay varios motivos para desear la habilidad de irrumpir en medio de tu amplificador mediante un bucle de efectos. El más común es para que puedas enviar la señal a un dispositivo de efectos externo y luego de vuelta al amplificador y hacia las bocinas, que es donde el circuito toma su nombre (salida y reentrada de bucle o loop).

También puedes usar un bucle de efectos para controlar uno o varios amplificadores de potencia con un preamplificador. Agregar efectos a la señal que va a uno o más amplificadores de potencia (conocidos como amplificadores húmedos) dejando la señal seca (sin efectos) a otros amplificadores es una forma excelente de crear un efecto estéreo y solidificar tu tono en general.

Capítulo trece | Aspectos básicos de amplificador

En términos generales, no pases la señal de la guitarra a través de más de un preamplificador, pero no habrá problema al usar un preamplificador para controlar más de un amplificador de potencia. Conecta el Effects Send ("envío de efectos") del preamplificador controlador al (a los) conector(es) de Effects Return ("retorno de efectos") del(de los) amplificador(es) de potencia. Como los preamplificadores en los amplificadores de potencia adicionales no se usarán, deben bajarse al mínimo para evitar que los ruidos no deseados se cuelen en la señal.

La mayoría de los amplificadores modernos tienen una etapa de ganancia incorporada directamente en el circuito de efectos, lo que permite otro método usado a menudo para obtener más distorsión. Al conectar el Effects Send ("envío de efectos") directamente al retorno de efectos, puedes agregar una etapa de ganancia a tu amplificador (doy las gracias a Steve Posner por sugerir este método alternativo de uso de un bucle de efectos).

El amplificador de potencia

El amplificador de potencia toma las señales de nivel de preamplificación y las incrementa para que activen la(s) bocina(s). Aunque la multiplicación del nivel de voltaje de la señal ocurre en el amplificador de potencia, la ganancia aquí está bastante lejos de los niveles de preamplificación.

En su lugar, los aumentos en el amplificador de potencia vienen principalmente de una multiplicación de la cantidad de corriente (amperios) que el amplificador de potencia es capaz de producir.

Se necesitan grandes cantidades de corriente para que las bocinas suenen bien. Por ejemplo, no puedes conectar el iPod directamente a las tremendas bocinas que tienes en casa, no oirás nada. El iPod sólo puede producir unos pocos miliamperios de corriente (un miliamperio es la milésima parte de un amperio), y las bocinas necesitan, como mínimo, varios amperios para funcionar. El amplificador de potencia amplifica un poco el voltaje y mucho la corriente para crear la potencia necesaria para que suenen las bocinas. Recuerda: la potencia es voltaje multiplicado por corriente.

El inversor de fase

En un amplificador de tubos, el amplificador de potencia consiste en un tubo pequeño de preamplificación (lo más probable, dentro de un blindaje de metal) y tubos de potencia más grandes. El tubo de preamplificación es parte del inversor de fase (*phase inverter* o PI), un componente importante del amplificador de potencia. Los amplificadores de transistores también tienen inversores de fase, pero no podemos cambiarlos. Puedes, sin embargo, modificar el tubo de preamplificación del inversor de fase.

El circuito del inversor de fase toma la señal entrante de preamplificación y la separa en dos señales idénticas fuera de fase 180 grados una de otra (cuando una señal sube, la otra baja). Los diferentes circuitos inversores de fase ofrecen diferentes características tonales distintivas, y cambiar el tipo de tubo de preamplificación usado en el inversor de fase cambia la respuesta y el tono del amplificador de potencia.

Las dos salidas del circuito inversor de fase se usan para dirigir los dos conjuntos de tubos de potencia. Con los amplificadores push-pull, que son la mayoría de amplificadores de guitarra, los tubos de potencia siempre están divididos en dos conjuntos. Un amplificador con dos tubos de potencia tiene un tubo por conjunto, mientras que un amplificador con cuatro tubos de potencia tiene dos tubos de potencia por conjunto.

Casi todos los amplificadores de guitarra están dispuestos de manera que el tubo o los dos tubos izquierdos estén en un conjunto y el tubo o los tubos derechos estén en el otro. Cuando un conjunto de tubos de potencia aumenta el voltaje, el otro conjunto lo reduce, igual que un subibaja.

Capítulo trece | Aspectos básicos de amplificador

Este arreglo tipo "subibaja" es el motivo por el que los amplificadores se llaman "tira-jala" (*push-pull*), lo cual permite al amplificador crear bastante más potencia que si los tubos de potencia operaran como los tubos de preamplificación.

Los tubos de preamplificación operan por sí solos y amplifican tanto las mitades positivas y negativas de la señal: un arreglo llamado "de terminal simple". Algunos amplificadores de muy baja potencia tienen tubos de potencia operados por terminal simple, especialmente el Fender Champ, que tiene un 6V6.

No intentes bajar el volumen operando tu amplificador push-pull sin los tubos instalados. Si tratas de hacerlo funcionar con sólo un tubo de potencia en un modo pseudoterminal simple podrías dañar el transformador de salida.

> 💣 **ADVERTENCIA**
> Operar un amplificador push-pull sin un(unos) par(es) de tubos puede causar serios daños al transformador de salida. Usa siempre los amplificadores push-pull con uno o más pares de tubos.

Control de presencia

El control de presencia te permite ajustar las frecuencias extremadamente altas, más altas que las frecuencias controladas con la perilla de agudos. La ilustración 13.1 muestra los cuatro rangos de frecuencia y las perillas que los controlan.

El control de presencia es el único control tipo EQ que opera dentro del amplificador de potencia, y por tanto se comporta de una forma muy distinta a los controles de tono.

Los bajos, medios y agudos son, básicamente, controles sustractivos, es decir, no agregan un incremento sino que ajustan cuanto se retira de la banda de frecuencias. De hecho, el subir al máximo los bajos, medios y agudos es casi puentear por completo el tone stack.

PARTE TRES | Lo básico

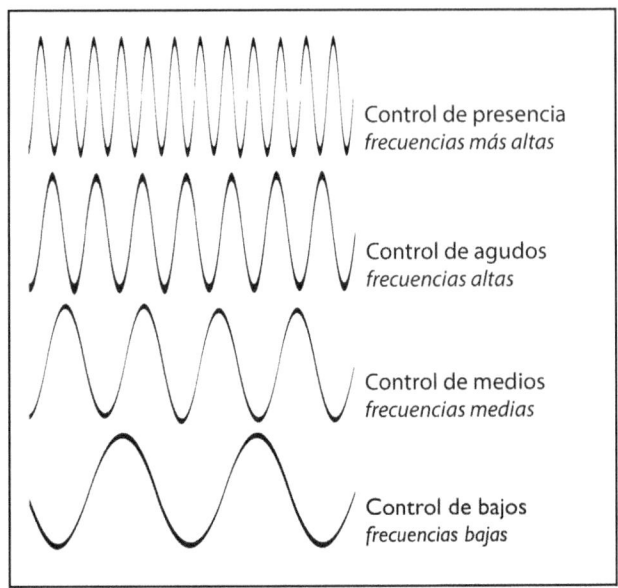

Ilustración 13.1
Cuatro frecuencias principales y sus controles

Además, el control de presencia en realidad cambia el carácter de las frecuencias altas, especialmente al llevar al amplificador de potencia a la distorsión. Un ajuste de control de presencia más elevado agrega un salvajismo y una aspereza al tono que la perilla de agudos no será capaz de lograr. Trata de que la perilla de agudos se mantenga baja y de subir al máximo la perilla de presencia para obtener un cambio de ritmo.

El control de presencia opera en lo que se denomina el "bucle de retroalimentación negativa" del amplificador de potencia. La retroalimentación negativa se usa para regular un circuito y para hacer que la entrada siga de una forma más precisa. Un bucle de retroalimentación lo logra con dos entradas: una para la señal que está amplificando el amplificador (la señal de entrada) y la otra para una versión reducida de la señal de salida.

El circuito de bucle de retroalimentación compara cuán aproximada es la igualación de la señal de salida con la señal de entrada. Cualquier otra diferencia la causa la distorsión, y las

Capítulo trece | Aspectos básicos de amplificador

señales que envía el inversor de fase a los tubos de potencia se modifican para tratar de eliminar esta distorsión.

Como dice el refrán "todo se paga en esta vida", el precio que pagamos por los beneficios del retiro de la distorsión por un bucle de retroalimentación negativa es una menor ganancia de amplificación de potencia. El control de presencia opera limitando dichas frecuencias en las que funciona el bucle de retroalimentación negativa. Con el control de presencia completamente apagado, todas las frecuencias tienen niveles iguales de retroalimentación negativa. A medida que vas subiendo el control de presencia, sólo las frecuencias más bajas tienen retroalimentación negativa (y por tanto menos ganancia), mientras que las frecuencias más altas tienen cero retroalimentación negativa (por tanto, más ganancia y distorsión).

Ten en cuenta que la retroalimentación negativa en el amplificador no es para nada la misma retroalimentación (o "feedback") que experimentas cuando colocas la guitarra frente a las bocinas. El feedback de guitarra es en realidad retroalimentación positiva, es decir, toma un poco de sonido y crea más y más sonido hasta que el amplificador esté produciendo su cantidad máxima de potencia.

Transformadores

Los amplificadores de tubos suelen tener dos objetos metálicos grandes algo rectangulares (y quizás uno pequeño) entre los tubos. Estos dos objetos grandes son los transformadores.

- El transformador de potencia (*power transformer* o PT) toma el voltaje del tomacorriente que entra al amplificador y lo convierte en varios voltajes distintos necesarios para que funcione el amplificador. Todos los amplificadores tienen un transformador de potencia.

- El transformador de salida (*output transformer* u OPT) recibe la señal eléctrica aumentada creada por los tubos de potencia y la convierte en una señal compatible con las bocinas. Con muy pocas excepciones, sólo los amplificadores de tubos de potencia tienen un transformador de salida.

El transformador de potencia (PT) se encuentra más cerca del punto donde entra al amplificador el cable de alimentación proveniente del tomacorriente. El transformador de salida (OPT) será el otro objeto rectangular, por lo general algo más cerca a los tubos de potencia.

Un tercer objeto rectangular opcional, que suele ser más pequeño, se llama filtro pi (o choke) y es básicamente medio transformador que se usa para reducir el ruido eléctrico en la fuente de alimentación. Usar un choke es algo bastante chapado a la antigua, y la mayoría de los amplificadores más recientes logran la reducción del ruido eléctrico de otras formas (algunas mejores, la mayoría peores).

Choke o inductor

La idea principal detrás de un "choke", más genéricamente llamado "inductor", es que el magnetismo y la electricidad son dos caras de una misma moneda. Cualquier flujo de corriente eléctrica en un alambre crea un campo magnético. Por otro lado, un campo magnético puede crear corriente en un alambre.

La mejor forma de crear un campo magnético es darle al alambre una forma de bobina, algo así como un Slinky o resorte. Por este motivo, los inductores a menudo se llaman bobinas (de hecho, la bobina que tienes en el auto es un inductor). En electrónica, una bobina se conoce como un devanado y el número de vueltas en la bobina se denomina "número de espiras".

Capítulo trece | Aspectos básicos de amplificador

La fuerza del campo magnético creado por un inductor se relaciona directamente con:

- El número de espiras del alambre alrededor del inductor.
- El material envuelto por las espiras del inductor.
- La corriente que fluye en el alambre.

Cuando un inductor tiene un montón de espiras de alambre sin nada en medio excepto aire, se llama un "inductor de núcleo de aire". Aquí el campo magnético creado por la electricidad que se mueve a través de la bobina es en realidad una serie de bucles invisibles que pueden notarse mediante virutas de hierro sobre un pedazo de papel cerca al inductor (las virutas se alinean con el campo magnético). Los bucles magnéticos dentro de la bobina se ajustan y se expanden desde el centro de la bobina hacia fuera del inductor y de vuelta al centro de la bobina.

Para hacer un inductor más fuerte (uno con una mayor inductancia), podemos colocar metal en el centro de la bobina de alambre[2]. El campo magnético creado en el metal es mucho más fuerte que un inductor de núcleo de aire. Del mismo modo, el campo magnético es mucho más intenso alrededor de la bobina y no se esparce tanto en la habitación.

Cuando la corriente CC se aplica por primera vez a un inductor (conectándole una batería), el inductor empieza a crear un campo magnético alrededor de sí mismo y por un momento contrarresta el voltaje de la batería hasta que el campo magnético se forme por completo. Una vez que el campo magnético esté cargado por completo (dependiendo de la cantidad de corriente continua que esté tratando de fluir), el inductor deja de contrarrestar la batería y permite que la corriente fluya como si fuera un simple pedazo de alambre.

El inductor sólo contrarresta cuando cambia el flujo de corriente que pasa a través de él (CA), no cuando es constante (CC). A más rápido cambia la corriente que fluye a través de un inductor (es decir, a más alta la frecuencia de CA), más fuerte la contrarrestará el inductor.

Dicho de otro modo, para CC y frecuencias muy bajas, un inductor actúa como un simple pedazo de alambre, resistiendo más y más el flujo de corriente a medida que aumenta la frecuencia de la señal. Este proceso continúa incrementándose en mayor escala, a frecuencias cada vez más altas, hasta que prácticamente no fluirá nada de CA.

La forma en la que los inductores manipulan la CC versus la CA es extraordinariamente útil al hacer funcionar tubos de potencia y crear fuentes de alimentación.

Los tubos de potencia requieren CC para funcionar de forma adecuada, de manera que la fuente de alimentación tiene que convertir la CA que viene del tomacorriente en CC.

Todas las fuentes de alimentación logran esto al:

- Convertir el vaivén positivo y negativo de la CA en corriente positiva mediante los rectificadores, y
- Suavizando la CA rectificada para crear una CC mediante los condensadores de filtro.

El problema es que los condensadores de filtro no crean una CC suavizada a la perfección. Aunque un amplificador puede sobrevivir con una CC que no es perfecta, zumbará bastante. Los condensadores más caros pueden ayudar a hacer que un amplificador emita menos ruido. Una resistencia grande y fuerte antes de los condensadores de filtro causará también que la CC sea mucho más suave, pero mucha de esa potencia se desperdiciará convirtiéndose en calor en el resistor.

Como suele ser el caso, la opción más cara de colocar un inductor con núcleo de hierro antes de los condensadores de filtro resuelve el problema. La tendencia de un inductor con núcleo de hierro de contrarrestar la CA y dejar pasar la DC hace a la fuente de alimentación muchas más veces más silenciosa que lo que incluso

Capítulo trece | Aspectos básicos de amplificador

la opción de la resistencia podría lograr. Además, en lugar de convertir la CA en calor no deseado, la CA se suaviza para crear una CC útil. El inductor de núcleo de hierro se llama "ahogo" (*choke*) porque literalmente "ahoga" a la CA y deja que pase la CC.

Debido a los bajos voltajes implicados, los amplificadores a transistores generalmente se salen con la suya usando sólo condensadores de filtro de muy alta capacitancia en sus fuentes de alimentación. No digo que un "choke" no le vendría bien a estos amplificadores también, pero un amplificador a transistores tiene que ser económico.

Saturación de inductor

Aunque agregar un material como hierro dentro de un inductor puede incrementar el campo magnético creado por la corriente que fluye, esto tiene un costo. Cuanta más corriente fluya a través de un inductor de núcleo de hierro, el campo magnético creado en el núcleo también se incrementará, pero sólo hasta un punto: el punto en el que más corriente empiece a causar que el incremento del campo magnético se desacelere.

Este fenómeno se llama "saturación de núcleo" y es asombrosamente similar a un tubo forzándose al recorte. Cuando se recorta un circuito de tubo, se pone más voltaje de entrada en el circuito, pero el circuito es incapaz de producir más voltaje de salida. Con la saturación de núcleo se pone más corriente en el inductor, pero el material de núcleo es incapaz de soportar un campo magnético más fuerte.

Ruido magnético

Como el inductor crea un campo magnético que atraviesa el núcleo de la bobina hacia afuera y hacia dentro, la forma exacta del campo magnético puede ser de interés. Cuando el campo magnético fuera de la bobina se mantiene relativamente cerca a la bobina, no hay problema. Pero si el campo magnético traza un círculo hacia la habitación donde tienes la guitarra (que por supuesto tiene pastillas magnéticas), la guitarra recogerá algo de ese campo magnético ruidoso.

El ensamblado de bobina/núcleo puede configurarse de varias formas para hacer el campo externo más pequeño y más cercano a la bobina. La forma tradicional de núcleo del choke es rectangular con un hoyo rectangular en el medio. La espiral de alambre se enrolla alrededor de una de las patas del rectángulo y luego se cubre con chapa metálica. Para que sea eficiente, el núcleo generalmente no es metal sólido sino un puñado de chapas metálicas delgadas apiladas. Si tienes la oportunidad de examinar un choke tradicional, verás fácilmente las espirales y las chapas metálicas.

Este arreglo para el núcleo y choke es una mejora tremenda con respecto a tener sólo la bobina enrollada alrededor de un pedazo de metal. Como el núcleo pasa a través de los enrollados de la bobina, así como fuera de los enrollados y de regreso (formando un bucle completo), el campo magnético creado por el flujo de corriente a través de la bobina se mantiene en gran parte dentro del núcleo a medida que va dando vueltas.

El hecho de crear una ruta de hierro para el campo magnético con el fin de que fluya fácilmente (en lugar de forzar el campo magnético a que salga del hierro y regrese) hace que el inductor sea más fuerte y silencioso (ya que el campo magnético no está esparciéndose demasiado por la habitación).

Inductores toroidales

Aunque el inductor rectangular es un dispositivo maravilloso, no es del todo perfecto y el campo magnético de la bobina no está 100% confinado al núcleo del inductor. Aunque una forma rectangular permite una fácil fabricación, sus esquinas en punta no son rutas fáciles para que los campos magnéticos puedan estar dentro.

Capítulo trece | Aspectos básicos de amplificador

Para que el campo magnético esté completamente contenido, un inductor puede diseñarse en forma de rosquilla (un círculo con un agujero redondo en el medio). El nombre matemático para esta forma de rosquilla es "toroide". Los inductores hechos con un núcleo en forma de rosquilla se llaman "inductores toroidales".

Un núcleo toroidal es diez veces mejor manteniendo los campos magnéticos confinados dentro del núcleo que los inductores de núcleos rectangulares. Desafortunadamente, enrollar una espiral de alambre alrededor de un núcleo toroidal es un proceso de fabricación mucho más difícil. Una vez más, "si quieres celeste… que te cueste". Si quieres un choke mejor, tendrás que estar dispuesto a pagar por un inductor toroidal. Afortunadamente, los precios de los inductores toroidales (y de los transformadores, que examinaremos a continuación) han ido bajando a medida que la tecnología de fabricación ha ido mejorando.

Principios básicos de transformadores

Un transformador es un inductor con núcleo de hierro con una segunda espiral de alambre enrollada alrededor del núcleo. El primer devanado es la bobina original de alambre/enrollamiento alrededor del núcleo. El segundo devanado es la segunda bobina agregada alrededor del núcleo.

Los conceptos básicos tras los transformadores son:

1. La corriente eléctrica que fluye en el devanado primario crea un campo magnético en el núcleo.

2. El campo magnético cambiante del núcleo (creado por la CA) origina una corriente eléctrica en el devanado secundario que no se ve afectada por la corriente no cambiante (o DC) en el devanado primario.

En un transformador ideal, la corriente y el voltaje CA en el devanado secundario están directamente relacionados a la corriente y voltaje CA en el devanado primario. Específicamente, la corriente multiplicada por el voltaje (potencia) en el devanado primario es exactamente igual a la corriente multiplicada por el voltaje (potencia) en el segundo devanado. Un transformador ideal no pierde potencia.

Aunque la corriente multiplicada por el voltaje tiene que dar una potencia igual en ambos lados del transformador, la corriente o voltaje en cada lado no tienen que ser iguales. Por ejemplo, el voltaje en el lado secundario puede ser muchísimo más bajo que el voltaje en el lado primario. En ese caso, la corriente en el lado secundario tendría que ser muchísimo más alta que en el lado primario. Esta transformación de alto voltaje/baja corriente a bajo voltaje/alta corriente (y viceversa) es exactamente la razón por la que los transformadores se llaman así.

La relación voltaje/corriente entre los dos devanados se controla por el número de vueltas de alambre que hay en el devanado primario (conocido como $N1$), comparado con el número de vueltas de alambre en el devanado secundario ($N2$).

Así que si $N1$ es igual a $N2$, el voltaje en el lado primario del transformador será igual al voltaje en el lado secundario del transformador y las corrientes en cada lado serán idénticas.

Pero si $N2$ es mayor que $N1$, el voltaje en el devanado secundario será mayor que el voltaje en el primario. Este diseño se llama "transformador elevador". Cuando $N2$ es menor que $N1$, el voltaje en el devanado secundario es menor que el voltaje en el primario. Este diseño se llama un "transformador reductor".

La habilidad de transformar el voltaje con facilidad es absolutamente vital para cada dispositivo eléctrico que conectes al tomacorriente, y es aquí donde Nikola Tesla discutió bastante con Thomas Alva Edison. Tesla, que trabajaba para Edison, fue el inventor y defensor principal de un sistema de distribución de energía eléctrica basada en corriente alterna. Edison (un gran defensor de la corriente continua) era demasiado terco para entenderlo. Afortunadamente, Tesla se fue a Westinghouse y el mundo funciona principalmente con redes de distribución de

Capítulo trece | Aspectos básicos de amplificador

CA (aunque la CC es mejor para líneas muy largas como las que yacen en el fondo oceánico).

Los transformadores de potencia para amplificadores de guitarra agregan más de un segundo devanado para producir más de un voltaje de salida. Un devanado secundario alimenta los calentadores de tubos (voltaje muy bajo) y otro alimenta los tubos en sí (voltaje muy alto). Un tercer devanado alimenta el circuito de polarizado, y puede haber más devanados dependiendo de la complejidad del amplificador.

Como los voltajes de red varían dependiendo del país, tu amplificador puede tener un selector de voltaje en la parte posterior que te permite cambiar el voltaje de red que puede aceptar tu amplificador. Este interruptor de selección cambia el número de devanados usados en el lado primario del transformador de potencia.

El transformador de salida

Aunque es similar al transformador de potencia, el transformador de salida (OPT) tiene un trabajo más complicado. La señal CA producida por los tubos de potencia está en el orden de los 500 V pico, mientras que el voltaje CA que necesitan las bocinas para sonar es de unos 56 V pico (100 W en una bocina de 16 ohmios).

Los objetivos que tiene que conseguir un OPT son:

- Reducir el voltaje CA de los tubos hacia el voltaje de bocina.

- Producir salidas para 16 ohmios, 8 ohmios y 4 ohmios, igualando las de las bocinas para conseguir una potencia máxima.

- Retirar el alto voltaje CC usado para hacer que funcionen los tubos y sólo permitir que la CA pase hacia las bocinas (esta función no es un problema, ya que los transformadores no pueden permitir el paso de CC).

- Combinar las señales desfasadas de cada juego de tubos de potencia en una sola señal (esta combinación, por fortuna, retira de forma automática incluso la distorsión armónica). Una derivación en el centro del lado primario del OPT (también conocido como un devanado con derivación central) logra este objetivo. Un juego de tubos está conectado a una mitad del devanado primario mientras que el otro juego de tubos está conectado a la otra mitad.

- Permitir que las señales que van en frecuencia desde muy bajas (la sexta cuerda Mi abierta en tu guitarra da 80 Hz) hasta bastante altas (se necesita por lo menos 10 kHz para evitar que el amplificador sea demasiado opaco) pasen sin impedimento. Aunque el OPT sólo tiene que operar a la frecuencia del voltaje de tomacorriente (50 Hz ó 60 Hz), éste tiene que trabajar con una gran gama de frecuencias.

- Saturar el núcleo a aproximadamente los mismos niveles de potencia que donde ocurre el recorte de los tubos de salida. Aunque la saturación del núcleo no es un requisito absoluto, en realidad contribuye a la suavidad de un amplificador saturado.

Devanar un transformador de salida es un verdadero arte, incluyendo la elección de materiales para el núcleo, la configuración del devanado y el aislamiento del devanado.

Por todos estos motivos, un OPT puede hacer o deshacer el tono del amplificador, especialmente al llevar al amplificador de potencia hacia la distorsión. Así que, si estás buscando mejorar el amplificador, invertir en un OPT de alta calidad será un dinero muy bien gastado.

Capítulo trece | Aspectos básicos de amplificador

Bocinas y amplificador de potencia

Aunque las bocinas se describen minuciosamente en el ***Capítulo siete—Bocinas***, son una parte integral de un amplificador de tubos de potencia.

Si bien las bocinas aparentan ser dispositivos eléctricos relativamente simples, no lo son. Las curvas de respuesta de frecuencia de las bocinas (disponibles en la mayoría de los sitios Web de los fabricantes) muestran un comportamiento bastante complejo. Tomemos en cuenta la distorsión de la bocina, qué curvas de respuesta de frecuencia no se distorsionan y el comportamiento verdadero de una bocina de amplificador de guitarra se vuelve tremendamente complicado.

Donde entra en juego el aspecto verdaderamente interesante de las bocinas es en la naturaleza del funcionamiento de un transformador.

Hoy en día, casi cualquiera con un panel solar puede vender electricidad de vuelta a la compañía proveedora de energía. Esto es posible porque el flujo de potencia a través del transformador del poste de luz de la calle permite que la electricidad fluya en ambas direcciones (desde y hacia tu casa).

En lo que concierne a la empresa de electricidad, el uso o la generación de electricidad en tu casa tiene lugar en el lado de la línea de alto voltaje del transformador del poste de luz, a diferencia del lado de tu casa.

Así que, por ejemplo, digamos que el voltaje que entra y sale de tu casa es el usual, 240 V. El voltaje en la línea de alta tensión es a menudo de 2400 V. Si la corriente que entra a tu casa es 10 A, la corriente en el lado de la línea de alta tensión del transformador en el poste es 1 A, es decir: 240 V x 10 A = 2400 W = 2400 V x 1 A.

Así que, desde el lado de la línea de alta tensión del transformador del poste, los requisitos de vataje eléctrico de tu casa se ven exactamente iguales a la forma en que se ven en el lado de la vivienda del transformador. Desde un punto de vista de potencia, es como si el transformador en el poste no estuviera ahí para nada.

Tu amplificador de potencia de tubos se comporta igual que la empresa eléctrica. Los voltajes y las corrientes presentes en el OPT secundario (que van hacia las bocinas) ven los tubos de potencia como versiones multiplicadas de aquellas mismas corrientes y voltajes en los primarios del OPT (los tubos de potencia). El vataje general es el mismo en ambos lados del transformador de salida, como si el transformador no estuviera ahí.

Así que, en lo que concierne a los tubos de potencia, no hay transformador, y la bocina está adaptada y conectada directamente a los tubos.

Así como las resistencias, los condensadores e inductores están asociados con cada etapa de ganancia en el preamplificador, las resistencias, condensadores e inductores similares están asociados con los tubos de potencia. Sin embargo, muchos de los componentes del amplificador de potencia están básicamente materializados en el complejo comportamiento eléctrico de la bocina. Así que puedes y debes pensar en la bocina como una parte integral de un amplificador de tubos de potencia.

Ya que las bocinas son una parte integral del amplificador de potencia, reemplazar la bocina con una carga ficticia o con un atenuador es como meter la mano en el amplificador y arrancar un montón de circuitos útiles y complejos y reemplazarlos con el equivalente a un mazo de cavernícola. Aunque el mazo será una solución, no será lo mismo que lo original, así que no esperes que lo sea.

En el ***Capítulo doce—Unas palabras sobre volumen*** se mencionan los peligros adicionales en el uso de un atenuador.

Así que, si puedes, usa una bocina auténtica, incluso si tienes

Capítulo trece | Aspectos básicos de amplificador

que meterla en un armario y ponerle un micrófono. Ponerle un micrófono a la bocina también te permite agregar efectos después de la distorsión de amplificador y de la de bocina, en lugar de hacerlo antes, que de todos modos es una idea mejor.

Salida de línea

Para más facilidad de grabación o para energizar otros amplificadores o procesadores de efectos, muchos amplificadores tienen una salida de línea. Aunque puedes usar la salida de línea para obtener una señal de nivel de preamplificación en lugar de ponerle un micrófono a la bocina, la salida de línea nunca sonará tan realista como poner un micrófono.

Una salida de línea es una señal de nivel de preamplificación derivada de la señal enviada a las bocinas, así que las salidas de línea tienen circuitos que reducen la señal de nivel de bocina a una señal de nivel de preamplificador, tratando de simular un poco la respuesta de frecuencia de la bocina. ♪

Notas al final del capítulo

1. Con la excepción del Sag Circuit de Maven Peal y los amplificadores con rectificadores doble y triple.

2. Como todos los devanados están todos recubiertos con aislamiento, el metal rodeado por la bobina no toca directamente la bobina.

Hay momentos al tocar la guitarra en los que la música parece fluir del pensamiento al sonido a través de los dedos, la guitarra, el amplificador y de vuelta al pensamiento… cuando puedes oír el resto de la banda por ti mismo y todo se encuentra en su propio espacio…cuando las notas se articulan y responden a los movimientos más delicados de los dedos…tras 40 años tocando la guitarra, estos siguen siendo los momentos que continúan inspirándome.

Jeff Chapman

Capítulo catorce

Principios básicos de distorsión

Cuando un amplificador (o cualquier otro circuito electrónico) produce distorsión, la salida no es una simple multiplicación de la señal de salida. Por ejemplo, si colocas una forma de onda eléctrica en un circuito que no produce distorsión, deberás obtener en la salida aquella forma exacta de onda, más grande y sin ninguna modificación. En el mundo de los audiófilos y estéreos de alta gama, dicho circuito es el Santo Grial y se llama "cable directo con ganancia"; por cierto, en realidad no existe.

Antes de proseguir, debo esclarecer la diferencia entre ganancia y distorsión. Para hacerlo tengo que explicar lo que es una onda senoidal.

Una onda senoidal se define como la forma de onda más primitiva. Si dibujas un punto en una pelota, haces rodar la pelota y trazas sólo la parte de la ruta hacia arriba y hacia abajo recorrida por el punto, tendrás una onda senoidal.

Parte Tres | Lo básico

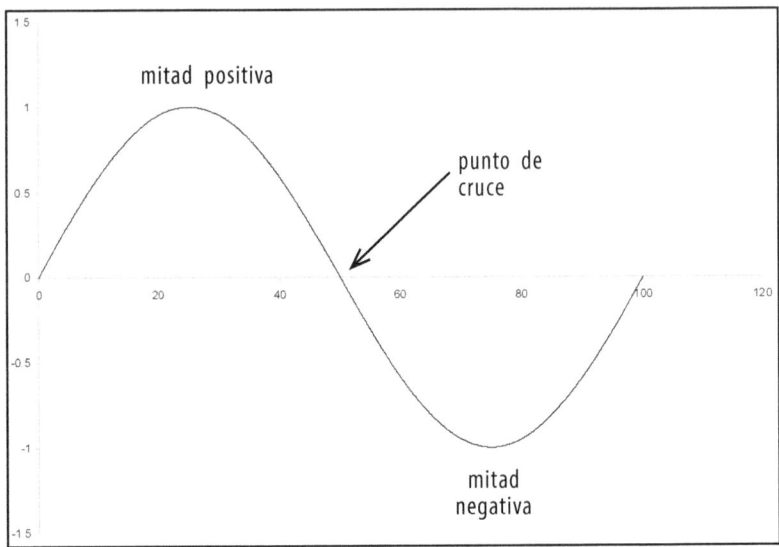

Ilustración 14.1
Onda senoidal típica

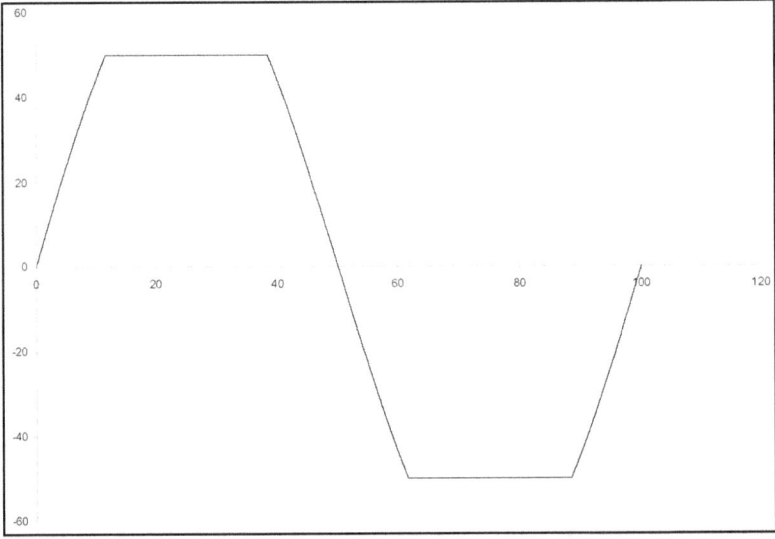

Ilustración 14.2
Onda senoidal con recorte duro

Capítulo catorce | Principios básicos de distorsión

Ganancia

La ganancia no es más que una multiplicación: una reproducción de la señal de entrada, sólo que mayor. El tipo de distorsión más fácil para entender, y el más útil, es cuando la señal de entrada a una etapa de ganancia es lo suficiente grande para que la señal de salida multiplicada sea más grande que la que pueda reproducir el amplificador o la etapa de ganancia.

Pero incluso cuando la señal de salida se encuentra dentro de la capacidad del amplificador, la distorsión aún existe. Esto se debe a que, a fecha de hoy, los humanos sólo hemos podido diseñar cuatro tipos de dispositivos de amplificación[1], y ninguno de ellos es perfecto. Los triodos de tubo de vacío son lo más cercano a la perfección que hemos conseguido.

Distorsión

Los grados y tipos de distorsión son bastante numerosos y, afortunadamente para los guitarristas, pueden llegar a ser muy interesantes.

De los muchos tipos de distorsión en el espectro sónico, bastantes están presentes en los amplificadores de guitarra. El tipo de distorsión más fácil de entender se denomina "distorsión por recorte", así que usaré el recorte como ejemplo.

Aunque algunas distorsiones son sutiles, el recorte es una fuerza bruta, y ocurre cuando se intenta que un circuito produzca más salida de la que puede producir. El recorte se parece mucho a pedirle a una persona alta que se ponga de pie en un ático, llegará un momento en el que no podrá levantarse más porque la cabeza le choca contra el techo.

Digamos que tienes una etapa de ganancia que multiplica la señal de entrada por 100 y que la salida puede, a lo máximo, ir entre ±10V. Todo va bien cuando la entrada en la etapa de ganancia va entre ±1/100 V (0.01 V), ya que la salida sólo fluctuará entre ±1 V.

Sin embargo, cuando la entrada en la etapa de ganancia aumenta a ±2 V, puedes suponer que la salida irá entre ±200 V. Pero esto no es posible porque la salida del circuito sólo puede estar a lo sumo en ±10 V, independientemente de la señal de entrada.

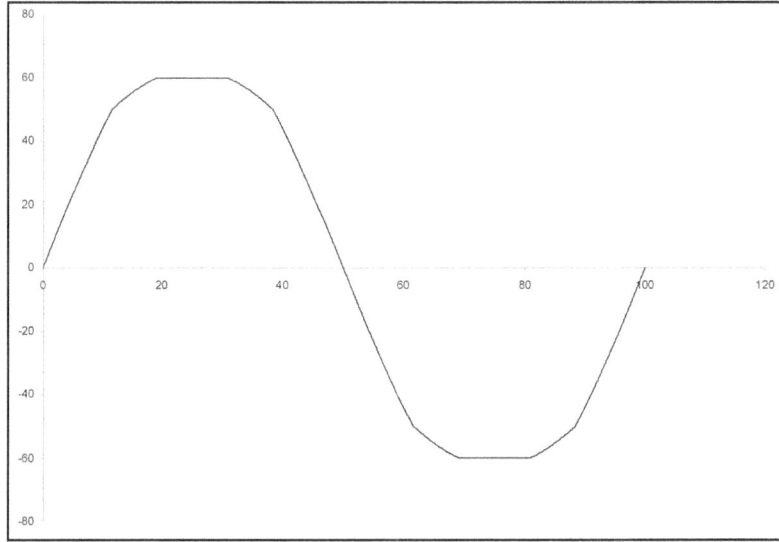

Ilustración 14.3
Onda senoidal con recorte suavizado

¿Entonces qué sucede? Tan pronto como la forma de onda de salida va a +10 V ó -10V, la onda se mantiene en dicho nivel hasta que la salida cae de vuelta a menos de +10 V (o sube a más de -10 V). Las cimas de la forma de onda de entrada se "recortan", del mismo modo que si hubieras cortado las puntas de los arbustos del jardín.

Recorte suave y duro

La ilustración 14.1 muestra un ejemplo de una onda senoidal típica, mientras que la ilustración 14.2 muestra una onda senoidal que se ha cortado de forma "dura". La forma exacta de la esquina de la onda luego del recorte determina el tono de la distorsión. Si

Capítulo catorce | Principios básicos de distorsión

el recorte tiene una esquina muy aguda, donde la onda transiciona de no recortada a recortada, el tono será áspero, brillante, como un nido de avispas. Este tipo de recorte se llama "recorte duro", y la mayoría de amplificadores transistorizados lo padecen.

La ilustración 14.3 muestra un ejemplo de recorte suave, donde la forma de onda transiciona de forma más gradual desde su forma normal al extremo recortado. El recorte suavizado es mucho más completo y agradable al oído, y es el recorte típico de la mayoría de amplificadores de tubos.

Para la próxima sección, trata de no pensar en una forma de onda como lo que se ve en un osciloscopio (como en las ilustraciones 14.1, 14.2 y 14.3). En lugar de eso, piensa en las varias frecuencias o armónicos que crean la forma de onda como si fueran luz y color.

Armónicos

En la clase de ciencias de primaria aprendimos que si hacemos pasar la luz a través de un prisma, la luz se divide en componentes separados pero involucrados, al igual que un arco iris es luz blanca partida en colores separados pero a la vez entramados. El sonido es muy similar, y nuestros oídos hacen un buen trabajo dividiendo un sonido complejo en sus componentes.

En lugar de colores, nuestros oídos separan el sonido en ondas senoidales detectables (da la casualidad, o quizás no, de que los colores que vemos también son ondas senoidales).

En realidad, toda onda sonora (o cualquier onda), es un grupo de ondas senoidales de varias frecuencias, así como la luz blanca son todos los colores del arco iris combinados.

Con cualquier onda, la onda senoidal de frecuencia más baja se denomina "fundamental". Todas las otras ondas senoidales de mayor frecuencia se denominan "armónicos". Las frecuencias de

Parte Tres | Lo básico

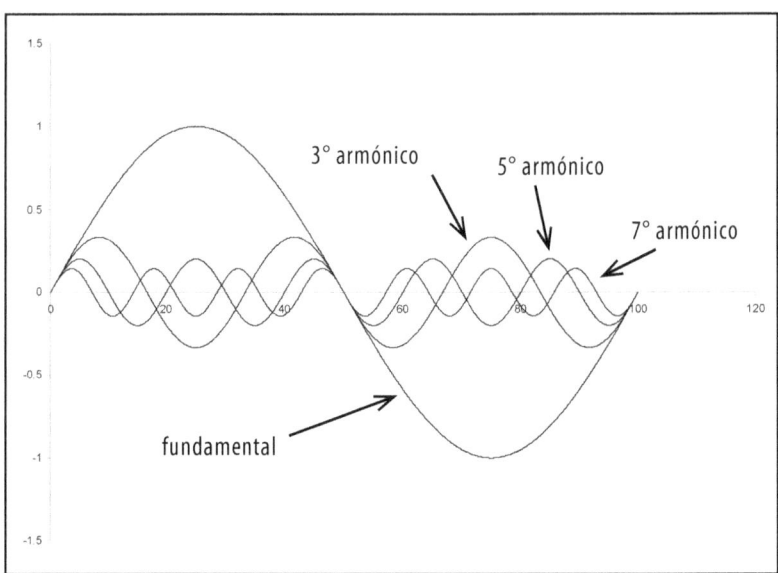

Ilustración 14.4
Ondas senoidales con la fundamental y una serie de armónicos impares

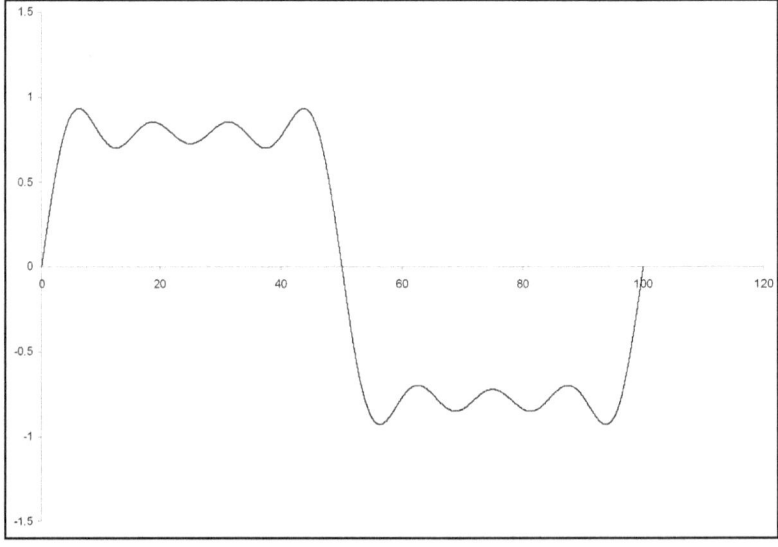

Ilustración 14.5
Fundamental con armónicos impares combinados

Capítulo catorce | Principios básicos de distorsión

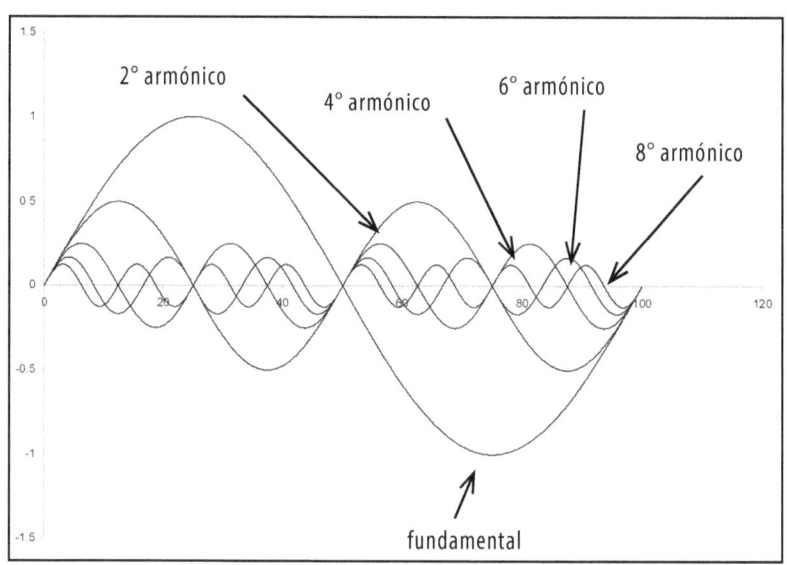

Ilustración 14.6
Ondas senoidales con la fundamental y una serie de armónicos pares

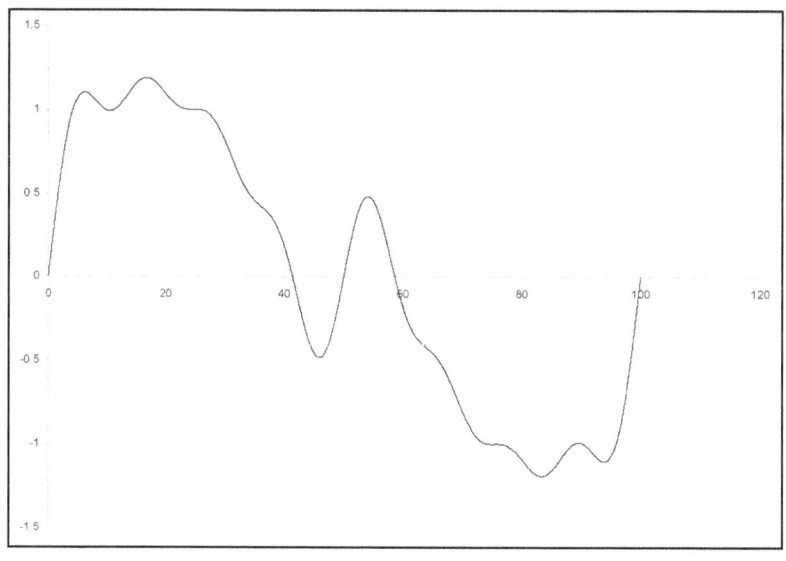

Ilustración 14.7
Fundamental con armónicos pares combinados

Parte Tres | Lo básico

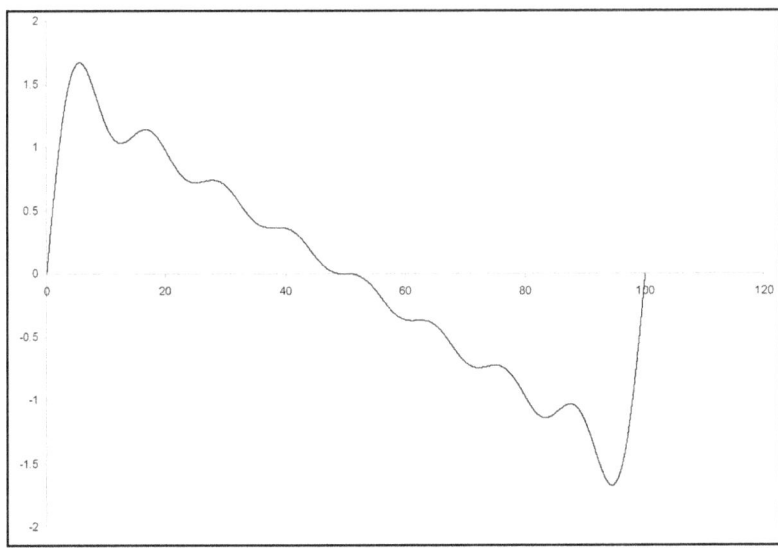

Ilustración 14.8
Fundamental con armónicos pares e impares combinados

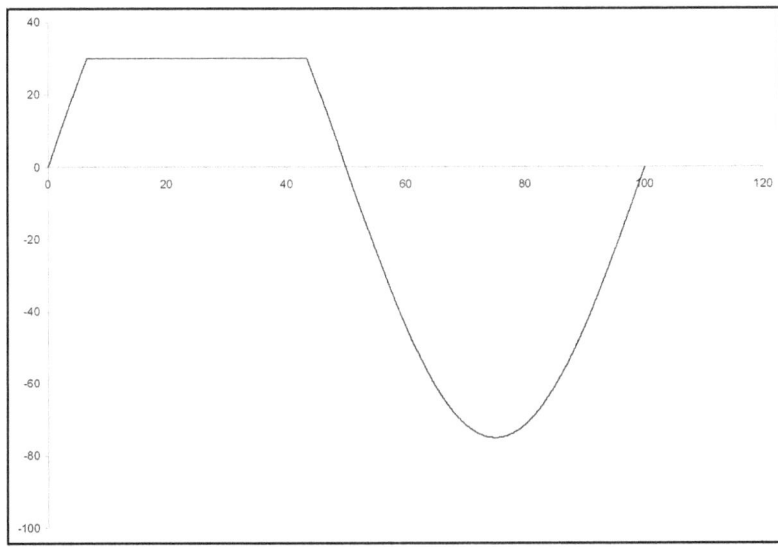

Ilustración 14.9
Onda senoidal en un lado produciendo armónicos pares

Capítulo catorce | Principios básicos de distorsión

los armónicos son siempre múltiplos enteros (2, 3, 4, 5...) de la frecuencia fundamental.

Los múltiplos pares de la fundamental se llaman "armónicos pares", y los múltiplos impares se llaman "armónicos impares". Dos ondas senoidales separadas por una octava quiere decir que la onda de frecuencia más alta tiene el doble de frecuencia que la onda de frecuencia más baja. Por ejemplo, una onda senoidal de 200 Hz es una octava más alta que una onda de 100 Hz.

La ilustración 14.4 muestra una serie de ondas senoidales que incluyen la fundamental (la onda senoidal más grande) y el primer grupo de armónicos impares (específicamente, el 3ro, 5to y 7mo, cada uno con un tamaño decreciente). La forma de onda que se muestra en la ilustración 14.5 es el resultado de la suma de esta serie de ondas senoidales.

De forma similar, la ilustración 14.6 muestra la fundamental y una serie de armónicos pares de tamaños decrecientes (el 2do, 4to, 6to y 8vo). La forma de onda que se muestra en la ilustración 14.7 es el resultado de la suma de esta serie de ondas senoidales.

La ilustración 14.8 muestra la forma de onda que resulta de agregar la fundamental y todos los armónicos pares e impares en las ilustraciones 14.4 y 14.6.

Las formas de onda agregadas de las ilustraciones 14.5, 14.7 y 14.8 muestran cómo las diferentes mezclas de armónicos producen tonos muy diferentes. Por ejemplo, la forma de onda en la ilustración 14.5, aproximándose a una onda rectangular, dará un tono de distorsión de amplificación de potencia más clásico. La forma de onda de solo armónicos pares en la ilustración 14.7 se ve muy fea y suena así también: más fea de lo que podría producir cualquier amplificador. La forma de onda de los armónicos tanto pares e impares en la ilustración 14.8 produce un sonido muy metálico.

Un tono consiste en los niveles de los diversos armónicos en la señal; el contenido de armónicos define el tono. Un saxofón solo produce armónicos impares, mientras que una cuerda de guitarra pulsada produce una mezcla de armónicos tanto pares como impares.

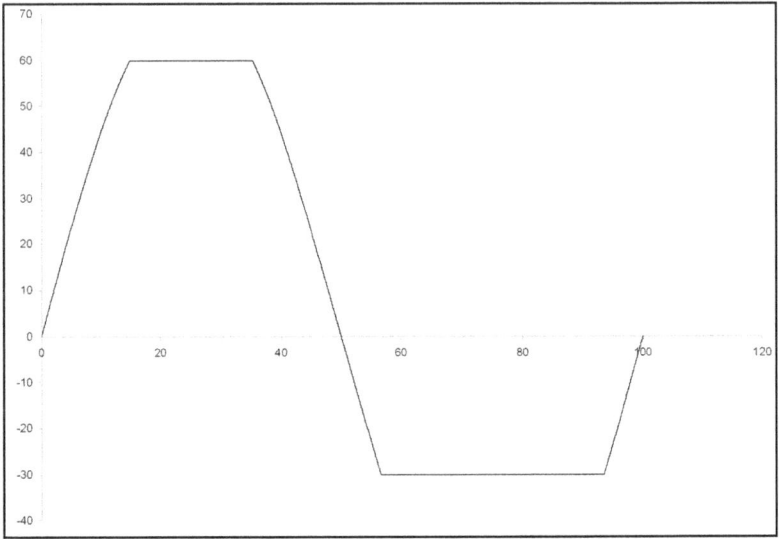

Ilustración 14.10
Onda senoidal recortada asimétricamente produciendo armónicos pares e impares

De hecho, todas las formas de distorsión pueden explicarse como la adición de armónicos a una señal en varias proporciones. La mezcla exacta de armónicos es el alma de los diversos niveles y tipos de distorsión de preamplificación y de amplificador de potencia. La distorsión de amplificador de potencia en un amplificador push-pull sólo agrega armónicos impares, mientras que la distorsión de preamplificador agrega predominantemente armónicos pares con algunos armónicos impares.

Armónicos y recorte

Cuando una forma de onda se recorta simétricamente, tanto los lados superior (positivo) e inferior (negativo) de la forma de onda se recortan de forma equitativa, y todos los armónicos agregados son impares. Los recortes en las ilustractiones 14.2 y 14.3 son ejemplos de recortes simétricos creando armónicos pares.

Capítulo catorce | Principios básicos de distorsión

Cuando una forma de onda se recorta simétricamente, tanto el lado superior (positivo) e inferior (negativo) de la forma de onda se recortan de forma equitativa, y todos los armónicos agregados son impares. El recorte en las ilustraciones 14.2 y 14.3 son ejemplos de un recorte simétrico creando armónicos pares.

Subarmónicos

Cuando una señal se modifica al procesarse a través de un circuito creador de distorsión, el circuito a veces no sólo creará armónicos agregados sino también subarmónicos. Los subarmónicos se producen dividiendo la frecuencia fundamental entre un número entero (2, 3, 4, 5…).

Por ejemplo, cuando la frecuencia fundamental es 100 Hz, los subarmónicos son 50 Hz, 33 1/3 Hz, 25 Hz, 20 Hz, etc. En términos generales, los subarmónicos crean un tono pedorrero y son muy incómodos para los oídos.

Para combatir la adición de subarmónicos, los fabricantes agregan circuitería de filtrado que reduce las frecuencias de nivel inferior, lo cual generalmente funciona bien, hasta que se agregue una perilla de ganancia o se baje tanto el volumen de la guitarra que el circuito ya no esté distorsionando. Ahora, el circuito que se supone que reduce los subarmónicos empieza a crear un sonido verdaderamente fino y anémico cuando el amplificador no está distorsionando. Y con toda la razón: el circuito de filtro reduce todas las frecuencias más bajas, incluso cuando no hay distorsión.

Un ejemplo con el que puedes estar familiarizado es un Marshall sin volumen general usando sólo la entrada Bright (brillante). Cuando el amplificador no se está distorsionando, la entrada Bright puede ser ensordecedoramente brillante, fina y para nada interesante (el efecto de "punzón en la frente").

En este caso, la entrada Bright tiene un filtro incorporado. Así que, aunque pueda parecer ilógico que al subir la ganancia (en este caso, la perilla de volumen Bright del amplificador) se logrará desaparecer este tono indeseable, así es como funciona. Al subir el volumen se crea más distorsión, lo cual hace que los subarmónicos de frecuencias más bajas sean más fáciles de oír, engrosando y redondeando el sonido. Sin el filtro, la entrada Bright produciría un bajo demasiado fuerte al distorsionársele.

De hecho, muchos pedales tipo boost acentúan el extremo agudo del espectro mucho más que el extremo bajo para evitar el resquebrajamiento que se puede agregar con los subarmónicos. Al llevar a un amplificador a la distorsión, se deberán enfatizar las frecuencias más altas, no las más bajas.

Caramba, demasiado de algo bueno nunca es bueno, y agregar demasiada obstaculización a los armónicos altos no es bueno. Cuando la mezcla de distorsión armónica contiene demasiados armónicos altos, la distorsión suena desenfocada, punzante y muchas veces suena como si hubieras metido un nido de avispas en el amplificador: una descripción demasiado común para demasiados circuitos de preamplificación de alta ganancia.

Desafortunadamente, como no puedes controlar la mezcla de armónicos que crea tu amplificador al ser llevado a la distorsión[2], tienes que encontrar un amplificador que funcione como a ti te guste.

Ese sonido zumbante y chirriante

A veces, cuando se recorta una etapa de ganancia, ésta produce un pequeño zumbido adicional inmediatamente después del recorte. Este efecto puede ocurrir con la distorsión de amplificación de potencia así como con la distorsión de preamplificación, especialmente si tienes un amplificador mal diseñado con componentes defectuosos. Los transformadores de salida con fallos se conocen por este efecto.

Capítulo catorce | Principios básicos de distorsión

Bastante a menudo, un amplificador que zumba al distorsionar también producirá bastante distorsión no musical en el tono. Ambos efectos pueden volverse muy molestos con el tiempo. Aunque he oído algunas opiniones que afirman que este sonido zumbante y vibrante es de alguna forma parte del sonido orgánico de un buen amplificador (también he escuchado ridiculeces como que el ruido eléctrico o hum es "orgánico"), la mayoría de fabricantes han estado tratando de eliminar esa distorsión no musical por décadas, con varios niveles de éxito.

Cuando CBS asumió el control de Fender entre 1968 y 1986, los nuevos ingenieros de CBS crearon un auténtico problema cuando intentaron eliminar esta distorsión zumbante al transformar los amplificadores Blackface a los Silverface. Hicieron esto agregando diodos de estado sólido alrededor de transformadores de salida en algunos modelos. Aunque los ingenieros creyeron que estos diodos "protegerían" el amplificador contra ese zumbido, los diodos agravaron el problema. Así que si tienes un amplificador Silverface construido entre 1968 y 1986, pídele al técnico que verifique si tiene esos diodos. Si los tiene, que los saque.

Atenuadores y cargas ficticias

Usar un atenuador o una carga ficticia en lugar de una bocina puede crear o empeorar el problema del zumbido. En algunos casos, el zumbido puede ser tan grave que destruirá el transformador de salida del amplificador.

Como siempre, intenta mantener el uso del atenuador a un mínimo.

Oportunidades para distorsión

Hay muchas oportunidades para agregar distorsión a tu tono. El diagrama de bloques en la ilustración 14.11 muestra las diversas oportunidades para crear distorsión en tu equipo. La sección que sigue describe estas oportunidades al detalle.

PARTE TRES | Lo básico

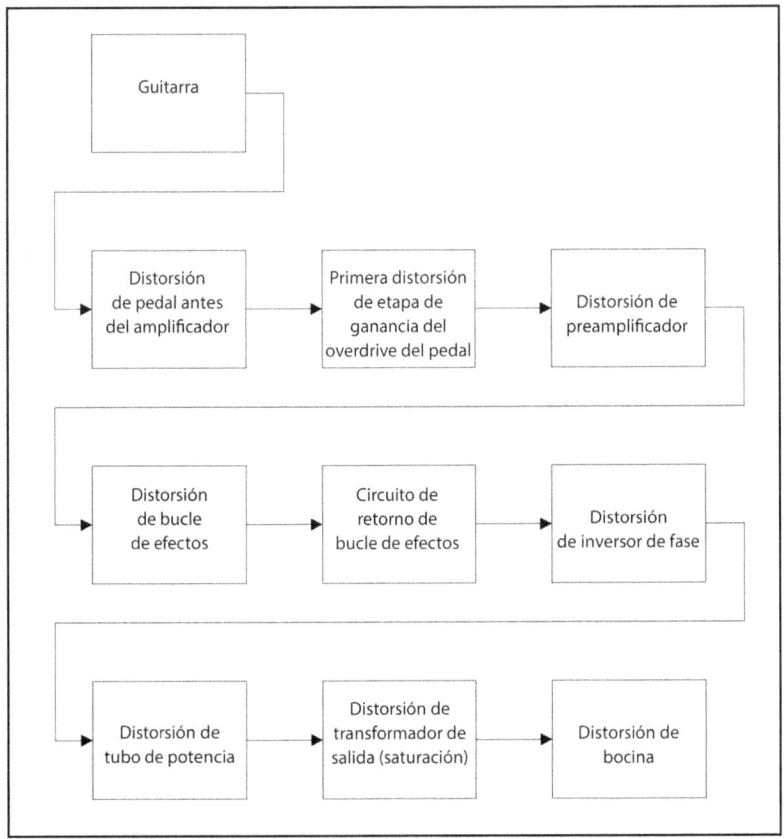

Ilustración 14.11
Oportunidades para distorsionar un amplificador de guitarra

Overdrive y Boost/Distorsión y Fuzz

Estos términos se usan con frecuencia. A menudo son intercambiables cuando en verdad se refieren a tonos muy diferentes. Técnicamente, los ingenieros llaman "distorsión" a cualquier cosa que salga de un amplificador que no sea una copia exacta de la entrada, pero los guitarristas necesitan más palabras para describir varios tipos de distorsión, así que usaremos un lenguaje algo distinto para describir los sonidos que hacen nuestros amplificadores.

Capítulo catorce | Principios básicos de distorsión

Overdrive y Boost

Overdrive es cuando se aumenta la señal de la guitarra antes de ir al amplificador. Cuando aplicas overdrive al amplificador, lo estás llevando aún más a la distorsión que lo que podrías hacer sólo con la guitarra (es como si la perilla de volumen de la guitarra de pronto subiera a 20 en lugar de 10).

Los amplificadores sin volumen general son fáciles de llevar al overdrive, ya que la ganancia proporcionada por el preamplificador, aunque no es excesiva, no se está reduciendo mediante un volumen general, pero el overdrive también es bueno con amplificadores de volumen general.

El overdrive se suele asociar con amplificadores sin volumen general[3]. Un tubo con overdrive implica que está ocurriendo algo de distorsión de tubo de potencia, a menudo con un pedal de efectos forzando a los tubos (ya sea de preamplificación y/o de amplificador de potencia), a diferencia de los tubos que introducen distorsión sólo por cuenta propia.

Muchos pedales de overdrive están disponibles para ayudarte a pasar el amplificador de "limpio" a "sucio", y hay diferentes pedales que ofrecen diferentes tonos. Los pedales de overdrive ofrecen una distorsión de tubo muy leve (esperemos) dentro de sí mismos. Un buen pedal de overdrive te permitirá crear distorsión dentro del pedal, así como permitirte pasar una señal limpia pero con agudos bastante incrementados cuando ajustes las perillas correctamente.

El Tube Screamer es el pedal de overdrive arquetípico con una ruta de señal que incluye controles de ganancia, tono y volumen.

La ruta de señal del pedal de overdrive Tube Screamer:
- La perilla de ganancia: ajusta el incremento de la señal de la guitarra, que se incrementa al inicio de la circuitería del pedal. Cuando no hay ganancia, el pedal no causa distorsión. Con la perilla de ganancia

Parte Tres | Lo básico

al máximo, el pedal crea una distorsión suave, diseñada para simular la distorsión de tubos.

- La perilla de tono y su circuitería asociada: ajusta (de bajas a altas) la gama de frecuencias incrementadas.

- La perilla de volumen: ajusta lo fuerte que saldrá la señal del pedal.

Para el enfoque de overdrive auténtico de rock clásico y blues en el Tube Screamer:

1. Mueve la perilla de volumen al máximo.
2. Pon la perilla de tono a un poco más de las 12 en punto.
3. Baja la perilla de ganancia hasta que el pedal no produzca nada de distorsión.

Con esta configuración, la salida del pedal es más alta que la de la guitarra, incrementando el extremo superior del rango de frecuencias, pero la señal no tendrá nada de distorsión. Esta señal más fuerte (de mayor voltaje) lleva al amplificador a la distorsión overdrive.

Los pedales de Boost generalmente no crean distorsión dentro de sí mismos. En su lugar, un pedal Boost simplemente incrementa el volumen de la guitarra, a menudo incrementando el extremo de agudos del espectro mucho más que el extremo de bajos. Enfocarse en las frecuencias más altas de agudos ayuda a eliminar algo del sonido resquebrajado asociado con la distorsión subarmónica.

Distorsión y Fuzz

Se supone que los pedales de distorsión y fuzz crean su propio sonido único casi como dispositivos autónomos (en realidad no están configurados para funcionar en conjunto con tu amplificador de la forma que lo haría un pedal Boost u Overdrive).

Capítulo catorce | Principios básicos de distorsión

Pedales de distorsión

En lugar de la pequeña cantidad de distorsión que puede crear un pedal overdrive dentro de sí mismo, un pedal de distorsión crea una enorme cantidad de distorsión. Los pedales de distorsión se usan para modificar el sonido radicalmente, en lugar de limitarse a llevar al amplificador al overdrive. De hecho, los pedales de distorsión pueden crear tanta distorsión por sí mismos que no tienes que llevar el amplificador al overdrive para nada.

Está claro que subir el volumen de salida del pedal de distorsión al máximo te permite también llevar tu amplificador al overdrive, pero estarás oyendo mucho más del tono del pedal, mientras que el objetivo de la mayoría de pedales overdrive/boost es hacer que el amplificador cree la distorsión.

Pedales de fuzz

El pedal fuzz se usa para llevar la idea del recorte al extremo. Con suficientes etapas de ganancia y un recorte con bordes agudos, un pedal fuzz toma el sonido agradable y redondeado de una guitarra y lo convierte en una onda prácticamente rectangular.

El recorte de esquinas puntiagudas de los pedales fuzz produce abundantes cantidades de armónicos altos y modifica drásticamente tu tono. Un buen pedal fuzz también tendrá suficiente volumen de salida disponible para llevar al amplificador al overdrive, así como para producir distorsión recortada.

Trata de subir un poco el nivel de ganancia de un pedal fuzz en el lado bajo para obtener algo de "fuzz" y luego configura el volumen de salida bastante alto para llevar al amplificador al overdrive.

Distorsión de preamplificador vs. distorsión de amplificador de potencia

AC/DC, especialmente en sus primeros discos, conectaba las guitarras directamente a amplificadores sin volumen general, y su sonido es distorsionado pero claro. Allman Brothers Band y Cream, así como los primeros trabajos de Van Halen y Rush, son ejemplos excelentes de guitarras conectadas directamente a amplificadores sin volumen general. Aunque el tono de todas estas bandas sin duda está muy distorsionado, existe una claridad y presencia que difiere de muchos tonos modernos de amplificadores distorsionados.

La grandísima cantidad de distorsión (o ganancia) de preamplificador, disponible en los circuitos de distorsión de preamplificador, permite técnicas salvajes de guitarra que de otro modo serían muy difíciles de tocar o no tan interesantes de oír. Por ejemplo, Joe Satriani tiene un sonido parejo muy comprimido y con un sustain eterno que no es desgarrado y dinámico como AC/DC ni claro como Allman Brothers Band. Joe Satriani necesita sustain y una cantidad de ganancia extrema para hacer relucir su técnica, y es un ejemplo excelente de lo que puede hacer por nosotros una buena distorsión de preamplificador a todo meter.

Para escuchar algunos sonidos con una distorsión de preamplificación verdaderamente fuerte, cualquier banda de metal es un buen comienzo (algunas tienen mejor tono que otras).

Entre ellas, sin embargo, Slash de Guns N' Roses y Velvet de Revolver son un buen ejemplo de distorsión moderada de preamplificación disponible en un amplificador de volumen general de ganancia relativamente más baja: el JCM800. Claro que Slash también está entregando bastante distorsión de amplificador de potencia, ya que sube bastante el volumen general (un auténtico balance de distorsión de preamplificador y amplificador de potencia).

Capítulo catorce | Principios básicos de distorsión

Hay muchas diferencias entre la forma en que se genera la distorsión de preamplificador y la distorsión de amplificador de potencia y en el contenido armónico resultante. Entender estas diferencias es útil para encontrar los tonos que estás buscando.

Distorsión de preamplificador

La distorsión de preamplificador involucra etapas de ganancia de terminal simple. En electrónica, "terminal simple" significa que un dispositivo está haciendo el trabajo de amplificación con una única ruta de señal que atraviesa el circuito.

El extremo opuesto de "terminal simple" es push-pull, donde un dispositivo amplifica el lado positivo de la señal, y otro dispositivo amplifica por igual el lado negativo de la señal. Las dos mitades de señal, iguales pero opuestas, se juntan de nuevo.

Los circuitos de terminal simple no suelen distorsionar las mitades positiva y negativa de la señal de forma equitativa. Esta asimetría genera armónicos pares (pero algunos armónicos impares se inmiscuyen porque el recorte no es totalmente asimétrico). La ilustración 14.10 muestra un ejemplo de una señal que se ha recortado de forma asimétrica.

Además, el esparcimiento de armónicos que se crea con la distorsión de preamplificación suele ser muy ancho, con muchos armónicos altos. Así que, a menos que un fabricante sea muy cuidadoso, la distorsión de preamplificador puede volverse un nido de avispas con mucho énfasis en los armónicos altos. La cantidad de ganancia que se usa en muchos circuitos de preamplificación es tan alta que causa compresión, creando una ausencia de respuesta al toque (las notas suenan igual independientemente de lo fuerte que pulses las cuerdas).

La compresión es un término que se malinterpreta fácilmente, y técnicamente se refiere a cuando el nivel de señal que sale del circuito es en gran parte independiente del nivel de señal que entra al circuito. Musicalmente, la compresión en un amplificador distorsionado se refiere a tanta ganancia que no importa lo duro o suave que toques: el amplificador se lleva al recorte.

En un aspecto más positivo, los circuitos de preamplificación se prestan a circuitería de formación de tonos, imposible de lograr con un circuito de amplificador de potencia, lo cual crea un mundo de posibilidades para un contenido armónico tremendamente grueso. El diseñador de preamplificador tiene disponible un amplio margen de creatividad al modificar el balance tonal o la reproducción del sonido ("voicing").

Distorsión de amplificador de potencia

La distorsión de amplificador de potencia se produce por un número de elementos circuitales muy distintos a los circuitos de etapa de ganancia de preamplificador. El inversor de fase es uno de esos elementos de circuito y produce su propia distorsión única que causa que las notas se vuelvan extremadamente gruesas. Los diferentes circuitos inversores de fase afectan a la forma en la que suena y se distorsiona el amplificador de potencia.

Los inversores de fase en los amplificadores Tweet antiguos distorsionan más fácilmente, mientras que los amplificadores Tweet y de tipo Marshall posteriores tienen inversores de fase que "aguantan" muy bien bajo condiciones de overdrive. Los inversores de fase en los amplificadores de potencia de tipo Blackface de Fender aguantan bastante bien y son bastante difíciles de distorsionar. Y cuando se distorsionan, pueden sonar bastante gruesos.

Los tubos de potencia distorsionan de una forma muy distinta a la de los tubos de preamplificación. Los tubos de potencia tienden a recortar de una forma menos abrupta, con menos esquinas agudas comparados con los tubos de preamplificación. Las esquinas más redondeadas se traducen en una predominancia de armónicos de orden inferior, razón por la cual la distorsión de tubo de potencia tiene un tono más enfocado y claro sin la tendencia al nido de avispas que hay en la distorsión de preamplificador.

Capítulo catorce | Principios básicos de distorsión

El transformador de salida (OPT) puede crear un recorte muy suave por su propia cuenta, lo cual es bastante evidente al comparar la mayoría de amplificadores Fender con la mayoría de los Marshall. Los transformadores Fender son mucho más fáciles para saturar (*saturate*), un término de ingeniería para decir que se distorsionan mucho más fácilmente. Los OPT de Fender son uno de los motivos por los cuales los amplificadores Blackface producen una distorsión bastante gruesa, aunque sus inversores de fase aguantan mucho mejor que los de los Marshall.

Otra diferencia entre la distorsión de preamplificador y la distorsión de amplificador de potencia tiene que ver con el diseño de amplificador de potencia push-pull. Como la forma de onda resultante de cualquier amplificador push-pull está equilibrada de forma inherente en sus lados positivo y negativo, los amplificadores de potencia push-pull sólo producen armónicos impares al distorsionarse. La carencia de armónicos pares conduce a un sonido más parecido al de un saxofón, que es mucho más claro que la distorsión producida por un preamplificador. La ilustración 14.3 muestra una onda que se ha recortado de forma pareja con esquinas redondeadas produciendo sólo armónicos impares (¡mi onda favorita!).

Caída de tensión (sag) de fuente de alimentación

Para los guitarristas, otra gran diferencia entre la distorsión de preamplificador y la distorsión de amplificador de potencia es la caída de tensión (sag) de fuente de alimentación. Cuando llevas un amplificador hacia la distorsión de amplificador de potencia, estás forzando la fuente de alimentación más allá de su límite normal, haciendo que se "flexione". Una buena analogía es arrancar tu auto con los faros encendidos. Al girar la llave, las luces bajarán su intensidad debido a la caída de voltaje de la batería (o flexionamiento [sag]) porque ahora hay una corriente más alta que está yendo al motor de arranque. Subir al máximo el volumen de tu amplificador también causa que la batería (o fuente de alimentación) caiga o se "flexione".

Aunque las fuentes de alimentación antiguas basadas en tubos rectificadores tienen mayores caídas de tensión (sag) que los rectificadores de estado sólido, todas las fuentes de alimentación tradicionales se "flexionan" hasta cierto punto. Cuando un amplificador empieza a mostrar caída de tensión (sag), ésta afecta al carácter de la distorsión producida tanto por el amplificador de potencia como por el preamplificador.

La distorsión de preamplificación sólo sin distorsión de amplificador de potencia y mucha caída de tensión (sag) de fuente de alimentación es imposible[4]. La caída de tensión (sag) de fuente de alimentación ocurre sólo a los volúmenes más altos del amplificador.

A niveles de caída de tensión (sag) más altos, el recorte tanto en el preamplificador como en el amplificador de potencia se vuelve más redondeado o suave, produciendo menos armónicos altos y un tono más suave. El efecto de caída de tensión (sag) es más pronunciado al inicio de la nota (la parte de ataque de la envoltura de la nota) y menos pronunciado hacia el fin de la nota (la parte de sustain de la envoltura de volumen de la nota) y hace que te dé la sensación de que el amplificador no puede seguirte el paso.

El ataque de un amplificador con caída de tensión (sag) se enmudece, y las cuerdas parecen bandas elásticas. En general, sentirás el amplificador más suave y blando. Un amplificador con caída de tensión (sag) se dice que respira, ya que cambia su carácter con todas y cada una de las notas.

Estos cambios en el tono y respuesta de un amplificador son algunas de las razones más importantes por las que tienes que encontrar un espacio para subir el volumen del amplificador al máximo independientemente del estilo de música que toques.

Hoy día, hay algunos fabricantes de amplificadores que ofrecen dos pares de rectificadores, de tubos y de estado sólido para tratar de darle al músico un poco de control sobre la caída de tensión (sag) de los amplificadores. Estimo, sin embargo, que el 99% de

Capítulo catorce | Principios básicos de distorsión

los guitarristas que tienen estos amplificadores jamás han tenido la oportunidad de subir el volumen general lo bastante alto como para llegar ni por asomo al volumen necesario para que aparezca la caída de tensión (sag) de fuente de potencia. Trata de reservar una hora en un estudio y dale duro al amplificador, subiendo el volumen al máximo, y observa qué es realmente la caída de tensión (sag) de fuente de potencia (usa tapones para los oídos). Tocar con un amplificador que tenga un buen amplificador de potencia forzado a la distorsión es una experiencia maravillosa.

Distorsión de bocina

Cuando tengas la oportunidad de subir el volumen del amplificador para producir distorsión de amplificador de potencia, descubrirás la distorsión de bocina.

Las bocinas también distorsionan en muchas formas cuando se les fuerza más allá de su máxima capacidad de potencia. La distorsión de bocina tiende a basarse en armónicos pares y a menudo puede ser muy suave. El sonido de un Celestion Greenback distorsionado al estilo de Duane Allman es un ejemplo clásico de una distorsión de bocina suave, musical y a la vez leñosa.

Sin embargo, al forzarse, algunas bocinas manifiestan el fenómeno denominado *cone cry*, pequeñas vibraciones físicas en el cono que agregan un molesto efecto punzante de alta frecuencia que no querrás oír. El cone cry ocurre cuando el movimiento en el cono de la bocina se escapa un poco del control de la bobina de voz y la suspensión (ver **Capítulo siete—Bocinas**). Aunque no todas las bocinas producen cone cry, las de 12 plg tienden a ser las más culpables de esta distorsión indeseable de bocina.

Parte Tres | Lo básico

Si tu bocina favorita te está lloriqueando (*crying*), prueba con estas técnicas:

- Baja el volumen del amplificador con la perilla de volumen.
- Gira la perilla de presencia hasta abajo y ajusta la perilla de agudos para agregar el brillo deseado.
- Duplica los gabinetes de bocina para que ninguna bocina reciba demasiado vataje.

Si ninguno de estos métodos funciona, necesitarás una nueva bocina.

Otros tipos de bocinas exhiben otros comportamientos interesantes al forzarse. Por ejemplo, las Vintage 30 de Celestion, hechas en Inglaterra, pueden producir un sobretono armónico que suena como si tocaras dos notas. Caray, yo no soy tan virtuoso, pero he oído que Sonny Landreth aprovecha este efecto con resultados maravillosos. ♪

Capítulo catorce | Principios básicos de distorsión

Notas al final del capítulo

1. Los cuatro tipos de dispositivos de amplificación fundamentales, en orden de perfección, incluyen tubos de vacío (triodos, tetrodos o pentodos), transistores de efecto de campo metal-óxido-semiconductor o MOSFET (en inglés, "Metal-Oxide-Semiconductor Field-Effect Transistors"), transistores de unión de efecto de campo o JFET (en inglés, "Junction Field Effect Transistors") y transistores de unión bipolar o BJT (del inglés, "Bipolar Junction Transistor").

2. Con la excepción del Maven Peal Sag Circuit, que te permite controlar la mezcla de armónicos mediante la perilla Sag (caída de tensión).

3. La distorsión producida por un amplificador sin volumen general no es pura distorsión de amplificador de potencia. Cuando subes el volumen (ganancia o gain) lo suficientemente alto en un amplificador sin volumen general para forzar al amplificador a la distorsión, el preamplificador también estará distorsionando hasta cierto punto. Sin embargo, el nivel de distorsión de preamplificador no es tan alto como en un amplificador especialmente diseñado para distorsionar al preamplificador a niveles enormes como con un amplificador de volumen general.

4. Con la excepción del Sag Circuit de Maven Peal, el único diseño de fuente de alimentación que te permite ingresar la cantidad de caída de tensión (sag) de fuente de alimentación, desde un cero absoluto a lo máximo, sin importar cuánta potencia esté produciendo el amplificador.

¡La guitarra es como la mujer! Independientemente de lo bella que sea, si no la sientes bien en la oscuridad con los ojos cerrados, pues no es la indicada para ti.

Alberob

Capítulo quince

Principios básicos de tubos

Ahora te estarás preguntando, y con todo el derecho: "si Dave es tan fanático de los tubos y los transistores no rinden igual, ¿por qué se usan entonces transistores o computadoras en los amplificadores de guitarra?"

La respuesta es, claro, el dinero. La mayoría de las insuficiencias técnicas del transistor se subsanan con facilidad metiendo decenas, si no cientos de transistores muy baratos en un espacio muy pequeño (sin mencionar las computadoras, que tienen millones de transistores). El resultado final es, en general, un circuito más pequeño, mucho más barato de fabricar que un circuito basado en tubos. Además, los ingenieros pueden realizar maravillosos trucos de diseño que hacen que un circuito de transistores actúe, en general, relativamente bien.

Es, básicamente, un compromiso entre unos cuantos buenos dispositivos (tubos) usados en circuitos relativamente simples, versus un ejército de dispositivos relativamente malos pero bien emparejados usados en circuitos muy sofisticados (conocidos como "circuitos integrados" o IC).

Parte Tres | Lo básico

En un estéreo y otros entornos de buena respuesta, donde los componentes electrónicos no se han cargado de forma deliberada, los circuitos de transistores funcionan de maravilla. Pero todo eso cambia si se les fuerza más allá de su rango lineal (ultralimpio). Al ser llevados al recorte, los IC pueden causar situaciones muy feas como *latch-up* ("activación parásita") o entrar en *thermal runaway* ("embalaje térmico"), y ambas pueden destruir el circuito parcial o totalmente.

Otro inconveniente es que los IC son prácticamente imposibles de reparar. La simplicidad de los circuitos de tubos hace que las reparaciones sean no sólo posibles sino también rentables (lo cual no es el caso de los circuitos complejos de transistores). Al reparar un estéreo moderno, la opción más rentable es extraer toda la placa de circuito impreso y cambiarla con una nueva.

A continuación se presentan dos resúmenes de los pros y contras de usar tubos en los amplificadores de guitarras.

Virtudes de los tubos

- La distorsión por tubos ofrece una mezcla más musical de armónicos y se siente más "viva" que la distorsión por transistores. Los tubos rectificadores proporcionan una respuesta con mayor caída de tensión y de carácter antiguo.

- Los tubos se pueden cambiar, así que puedes modificar el sonido del amplificador (con la polarización por cátodo y con la externa puedes modificar el sonido en minutos).

- Los amplificadores de tubos son más fáciles de reparar que los amplificadores de transistores.

- Los tubos no están sujetos a la activación parásita y a otras idiosincrasias de los IC.

Capítulo quince | Principios básicos de tubos

- Los amplificadores de tubos parecen sonar más fuerte que los amplificadores de transistores de igual potencia nominal. Este fenómeno ocurre debido a que los amplificadores de tubos tienen más *headroom* ("margen"), y los tubos en sí no tienen las mismas características de recorte abrupto que las que tienen los transistores.

- Los tubos son menos susceptibles a los daños causados por un pulso electromagnético inducido por una explosión nuclear, ¡así que podrás seguir rocanroleando mucho después del gran bombazo!

- Los amplificadores de tubos retienen un valor de reventa más alto que los amplificadores de transistores.

- Los tubos tienen también algo de fetichista. Hay gente que los colecciona, junto con las cajas en que vienen, incluso los tubos modernos (habla con alguien que tenga unos tubos formidables EI fabricados en los años 90 en la antigua Yugoslavia, y te darás cuenta de lo que hablo). Los tubos muy antiguos son como joyas de valor incalculable que la gente colecciona como forma de inversión y para otros propósitos no musicales.

Virtudes de los transistores

- Los transistores casi nunca tienen que cambiarse.

- Los transistores son robustos, no están metidos en contenedores de vidrio que se pueden romper fácilmente.

- Los transistores rectificadores dan una respuesta más directa y moderna que los tubos rectificadores.

- Suele ser más seguro tocar y trabajar con circuitos a transistores, ya que no operan a voltajes mortales.

- Los amplificadores a transistores ayudan a conservar energía, ya que extraen menos potencia de los tomacorrientes que los amplificadores de tubos para poder crear la misma cantidad de potencia.

- Los amplificadores a transistores son mucho más ligeros que los amplificadores de tubos, ya que no requieren un transformador de salida grande, un transformador de potencia grande y el tremendo chasis necesario para su montaje.

- Los transistores se usan en muchos otros productos, asegurando su disponibilidad. La disponibilidad de los tubos ha sido una preocupación válida muy justificada para los fabricantes de tubos desde fines de los ochenta, y ahora los tubos sólo se usan en amplificadores de guitarra, algunos amplificadores de estéreos, radios amateur y aplicaciones de radares. Aunque no creo que la fabricación de tubos esté completamente en peligro, la cantidad de tubos producidos anualmente está bastante lejos de lo que solía ser, y es diminuta comparada con el número de transistores que se fabrican.

- La fabricación de amplificadores a transistores es más fácil de automatizar, sin mencionar lo fáciles de empacar y transportar que son los amplificadores a transistores, sin transformadores pesados ni contenedores pequeños de vidrio.

Cómo funcionan los tubos

Tal como se describió en el *Capítulo nueve—Tubos de potencia*, los diferentes tipos de tubos afectan al tono del amplificador de forma diferente. Aquí veremos los pros y contras técnicos de usar un tipo de tubo versus otro.

Capítulo quince | Principios básicos de tubos

Voltaje de rejilla

El agua que viene de tu grifo es una gran analogía para entender cómo afecta el voltaje de red al flujo variante de electrones (o corriente) a través de un tubo (que es el motivo exacto por el que los europeos llaman "válvulas" a los tubos de vacío[1]). Esencialmente, la rejilla de control en un tubo actúa como la válvula que abres para activar un grifo de agua. Al controlar lo abierta que está la válvula, controlas el agua que fluye a través de la tubería. Igualmente, el voltaje en la rejilla de control controla la cantidad de corriente eléctrica que fluye a través del tubo.

Los circuitos son como cataratas hechas por el hombre, con una bomba que toma el agua de una laguna al fondo de la catarata y la lleva hacia arriba. En un circuito eléctrico, la fuente de alimentación (o batería) es la bomba y los electrones son el agua.

Un recinto sellado de vidrio con todo el aire extraído (dejando un vacío) evita que los electrones reboten en moléculas de aire en su trayecto desde el cátodo hacia la placa (ánodo). Cuando hay aire en un tubo, los electrones que golpean las moléculas de aire hacen que el tubo brille en un tono azul. Un poco de azul no es problema, un montón de azul significa que el tubo está quemado, suena muy blando y debe cambiarse (a menos que te guste el sonido blando).

Diodos

El tipo de tubo más básico se llama "diodo". Un diodo tiene dos terminales (de ahí el "di" en "diodo") para el flujo de corriente y dos terminales para el calentador. El calentador no es parte del circuito principal del diodo, pero funciona fuera del circuito para que el cátodo del tubo llegue a una temperatura lo bastante alta como para que el tubo pueda usarse.

La idea básica detrás de un diodo es calentar una pieza de metal lo suficiente (suele ser el tungsteno, que se usa en las bombillas de luz tradicionales) y luego colocar una segunda pieza de metal muy cerca, pero sin tocarse una con otra. Las dos piezas de metal están conectadas a una batería (la de metal caliente al terminal negativo, la otra al terminal positivo). Cuando la pieza de metal cercana al calentador está bastante caliente, el flujo de corriente empieza a atravesar la brecha entre las dos piezas de metal.

La pieza caliente de metal se llama "cátodo" y la pieza fría se llama "placa" o "ánodo". Esencialmente, la temperatura elevada del cátodo "cocina" los electrones fuera del metal, como cuando hervimos agua y se convierte en vapor. Los electrones libres forman una nube alrededor del cátodo y permanecen allí. Cuando se aplica voltaje positivo en la placa mediante la batería, la nube de electrones se mueve hacia la placa (los opuestos se atraen y los electrones son de carga negativa).

Los electrones se mueven desde la placa al terminal positivo de la batería, pasan por el terminal negativo de la batería y vuelven al cátodo. Este flujo continuo de electrones es esencial para que el recorrido circular funcione bien, y por eso se denomina "circuito". Los electrones se mueven alrededor de un bucle tipo pista de carreras una y otra vez, y nunca se crean ni se destruyen.

La cantidad de corriente que fluye desde el cátodo a la placa depende del número de voltios que produce la batería, así como de la construcción del tubo en sí.

El aspecto más importante que hay que recordar sobre el diodo es que los electrones viajan en una sola dirección. Todos los tubos se basan en el concepto del diodo y en todos los tubos los electrones fluyen desde el cátodo hasta la placa (ánodo).

Con otros tipos de tubos, como los triodos y los pentodos, los fabricantes colocan una o más rejillas entre el cátodo y la placa para controlar la cantidad de electrones que fluyen.

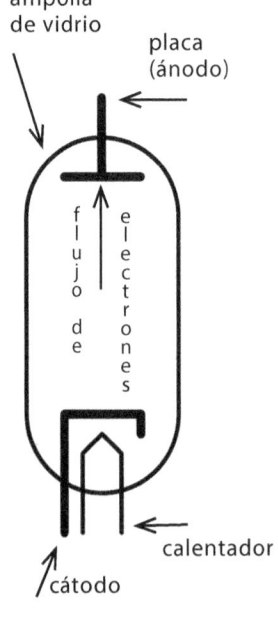

Ilustración 15.1
Diodo

Capítulo quince | Principios básicos de tubos

Tubos rectificadores

Los tubos rectificadores suelen tener dos diodos en un paquete que usa un calentador y un cátodo en común, así de sencillo. Los rectificadores se clasifican según la cantidad de corriente que puede llevar cada diodo. Los rectificadores de corrientes más altos producen menos caída de tensión (sag) de fuente de alimentación, mientras que los rectificadores de menos corriente producen más.

Triodos

Un triodo es un diodo con una rejilla de control (se le conoce como "rejilla") colocada entre el cátodo y la placa. Una rejilla es como una red de pescar, no bloquea totalmente todos los electrones cuando van del cátodo a la placa.

Cuando el voltaje en la rejilla es cero (en relación al cátodo), la rejilla está cerrada y los electrones fluyen libremente del cátodo a la placa, como con un diodo (lo opuesto a la forma en que funciona un grifo de agua; cuando el grifo está abierto, el agua fluye libremente).

Cuando se aplica el voltaje negativo en la rejilla, reduce el número de electrones que fluye del cátodo a la placa (el voltaje negativo de la rejilla repele los electrones negativos), disminuyendo el flujo de corriente como al cerrar la llave de un grifo.

Cuando un voltaje negativo constante (CC) se aplica en la rejilla junto con un voltaje variable (CA), el flujo de electrones entre el cátodo y la placa varía al ritmo del voltaje CA. La cantidad de voltaje CC que se ha puesto primero en la rejilla se llama "voltaje de polarización" y establece el punto inicial para la operación del tubo.

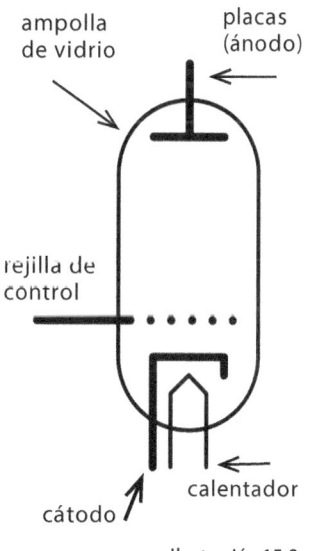

Ilustración 15.2
Triodo

Parte Tres | Lo básico

Para convertir un triodo en un amplificador (que es nuestro objetivo general):

1. Se coloca una resistencia entre el terminal positivo de la batería y la placa. El voltaje en la placa es ahora el voltaje de la batería menos la caída de voltaje en la resistencia. Este voltaje es constante (CC) y depende de la batería y de la corriente de polarización (CC) de placa.

   Cuando un voltaje variable (CA) se agrega a la rejilla, por ejemplo desde la guitarra, el voltaje de placa es igual al voltaje de placa CC más un voltaje CA (debido a la corriente de placa CA que atraviesa la resistencia). El voltaje CA en la placa del tubo parece una versión más grande del voltaje CA en la rejilla.

2. El condensador está conectado a la placa, y el voltaje CC en el lado de salida del condensador se extrae (el lado que no está conectado a la placa), permitiendo que el voltaje CA más grande fluya hacia otros circuitos.

Voilà! Tenemos un amplificador de voltaje. La entrada es el voltaje CA en la rejilla y la salida es el voltaje CA en el lado de salida del condensador de placa.

Matemáticamente, el triodo es, hasta ahora, el mejor amplificador que han desarrollado los humanos.

El problema con los triodos que actúan como tubos de potencia es que producen una baja potencia de salida y son ineficientes. La cantidad de corriente que pasa a través de un triodo (la corriente de placa) depende del voltaje de la rejilla así como del voltaje de la placa cambiante (que en realidad es la salida del amplificador). Si la corriente de la placa pudiera ser independiente del voltaje de la placa, un triodo podría producir mucha más potencia.

Capítulo quince | Principios básicos de tubos

Tetrodos

En pos de una mayor potencia, se añade otra rejilla entre la rejilla de control y la placa de un triodo, haciendo que la corriente de placa sea independiente del voltaje de la placa. Esta segunda rejilla se llama la "rejilla pantalla", o simplemente "pantalla", y es lo que define un tetrodo.

El objetivo de un tetrodo es hacer que la pantalla sea lo suficientemente estrecha como para que los electrones del cátodo vean solo el voltaje en la pantalla (que está establecido como voltaje constante igual al voltaje CC de la placa) y no el voltaje en la placa. Además, la pantalla debe estar lo suficientemente abierta, de manera que la mayoría de los electrones la atraviesen y vayan hacia la placa.

El tetrodo tiene cuatro partes (el cátodo, la placa, la rejilla de control y la rejilla pantalla). "Tetra" es "cuatro" en griego, y de ahí su nombre.

Aunque un tetrodo puede producir una potencia mayor que un triodo, existe un inconveniente en la relación entre el voltaje de placa de tetrodo y la corriente de placa. Bajo ciertas condiciones, algunos de los electrones que alcanzan la placa rebotan, retroceden y son absorbidos por la pantalla. Como la pantalla no es parte del circuito de audio en sí, estos electrones rebotados se pierden y así se reduce la potencia de salida del tubo (pero no a niveles tan bajos como los de los triodos).

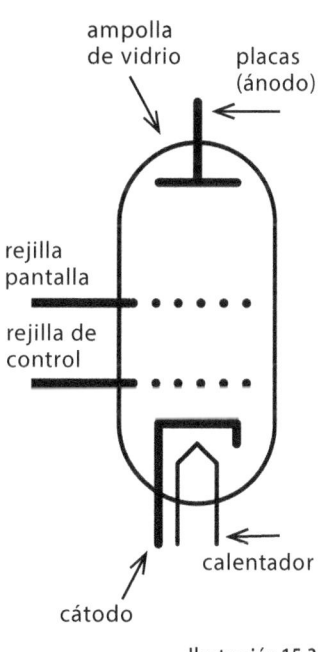

Ilustración 15.3
Tetrodo

Pentodos

Para eliminar este problema, los diseñadores de tubos agregan una pantalla más, llamada la "pantalla supresora", entre la rejilla pantalla y la placa. Generalmente conectada al cátodo,

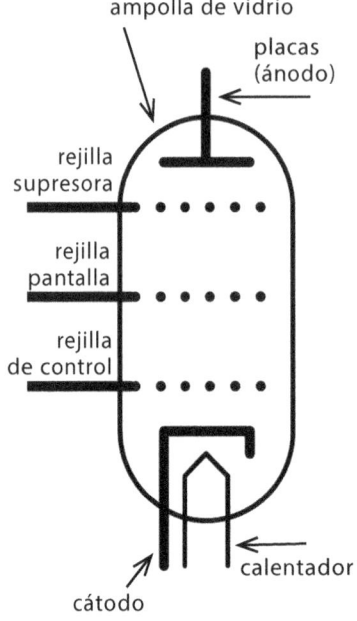

Ilustración 15.4
Pentodo

la rejilla supresora está establecida a 0 V comparada con tanto la pantalla y la placa (que están establecidas a un voltaje positivo elevado). Con el voltaje muy bajo, la rejilla supresora repele los electrones que rebotan y los fuerza a volver a la placa.

El pentodo tiene cinco partes (el cátodo, la placa, la rejilla de control, la rejilla pantalla y la rejilla supresora). "Penta" es "cinco" en griego, de ahí su nombre.

Este tipo de tubo puede producir una ganancia muy alta, una potencia y eficiencia altas, y es extremadamente efectivo en configuraciones tanto de preamplificador como de amplificador de potencia.

Los únicos pentodos auténticos de tubos de potencia que se usan en amplificadores de guitarra son los EL84, EL34 y sus (casi) equivalentes estadounidenses, los 6BQ5 y 6CA7 respectivamente. Debido a su mayor ganancia y a su más amplia respuesta de frecuencia, los pentodos auténticos suenan muy diferente a los tetrodos.

Tetrodos de haz dirigido (kinkless o sin pliegue)

Como podrás imaginar, un tubo se vuelve más frágil y caro de fabricar con cada rejilla adicional. Por tanto, los fabricantes de tubos desarrollaron una rejilla supresora virtual que funciona sin tener que fabricar la rejilla física.

Los tetrodos de haz dirigido (kinkless o sin pliegue) enfocan el flujo de electrones entre la rejilla pantalla y la placa. Volviendo a la analogía de la manguera de agua, a más estrecha la manguera, más rápido sale el agua del extremo de la manguera. Cuando se enfoca el flujo de electrones, la presión absoluta de los electrones negativos crea en el espacio un área extremadamente negativa,

Capítulo quince | Principios básicos de tubos

como la rejilla supresora, repeliendo cualquier electrón que rebote fuera de la placa.

Como el haz enfocado de electrones crea (casi) un pentodo, este tipo de tubo también se conoce como pentodo de haz. Los tetrodos kinkless incluyen los 6L6, 6V6, 6550 y, por supuesto, todos los tubos de potencia KT: KT66, KT77, KT88 y KT90.

Aunque los tetrodos de haz dirigido (kinkless o sin pliegue) son en teoría una idea estupenda, en la práctica no son tan efectivos como los pentodos reales. Una cosa es mencionar los electrones enfocados, y otra es crearlos. La rejilla supresora virtual depende mucho de lo bien enfocados que estén los electrones que fluyen. Como todo en la vida, lo virtual nunca es igual.

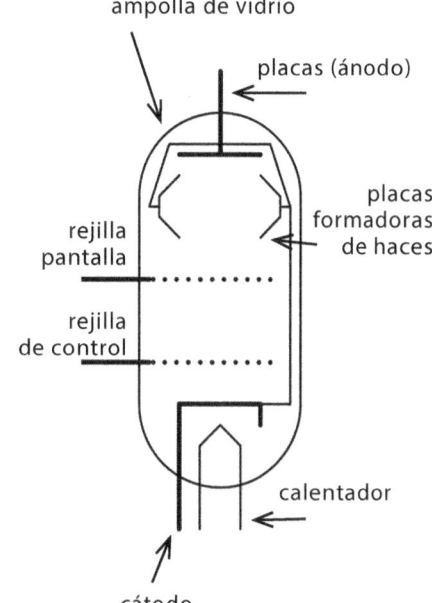

Ilustración 15.5
Tetrodo de haz dirigido (kinkless o sin pliegue)

¿Qué significan los nombres?

CADA TIPO DE TUBO TIENE TRES NOMBRES O DESIGNACIONES:

- Nombre civil estadounidense: también conocido como la designación RETMA de tubos (por ejemplo, 12AX7).

- Nombre militar estadounidense: también conocido como la designación JAN o Joint Army Navy (conjunta del ejército y la naval por ejemplo, 7025).

- Nombre europeo: también conocido como la designación Mullard-Philips de tubos (por ejemplo, ECC83).

Parte Tres | Lo básico

Antes, los tubos de especificaciones militares tales como los 7025 eran físicamente más fuertes y estaban mejor fabricados que sus equivalentes civiles, como los 12AX7. Esa distinción ya casi ha desaparecido.

El nombre estadounidense (también conocido como la "designación RETMA de tubos") siempre empieza con el voltaje del calentador del tubo. A continuación, encontrarás una o dos letras que se incrementaron cada vez que uno de los fabricantes producía un nuevo diseño de tubos. El número final indica el número de elementos en el tubo.

Así que, por ejemplo, el doble triodo 12AX7 tiene un calentador de 12.6 V y siete elementos (dos placas, dos rejillas, dos cátodos y un calentador). El 6L6 tiene un calentador de 6,3 V y seis elementos: la placa, el componente formador de haces, la rejilla pantalla, la rejilla de control, el cátodo y el calentador (además de, ojo, un contenedor de metal). Los 6L6 son en realidad versiones más antiguas del conocido 6L6GC, que viene con un contenedor de vidrio (en lugar de metal) y es el nivel C de revisión de diseño técnico.

La designación europea para tubos se denomina "designación de válvulas Mullard-Philips". La primera letra indica el voltaje del calentador (E = 6,3 V, F=12,6 V) y la segunda letra es el tipo de tubo (C = triodo, L = pentodo de potencia). La tercera letra opcional designa el segundo tipo de tubo (por ejemplo, un doble triodo tendría las letras segunda y tercera CC). Los dos últimos números son un simple contador, como las letras en la designación RETMA. Así que un EL34 es un pentodo de potencia con un calentador de 6,3 V, número 34; y un ECC83 tiene un calentador de 6,3 V con dos triodos, número 83.

¿Entonces cómo puede ser un 12AX7 lo mismo que un ECC83 si el ECC83 tiene un calentador de 6,3 V y el 12AX7 tiene un calentador de 12,6 V? Tanto el tubo europeo como el americano tienen calentadores divididos, cada uno necesita 6,3 V, que pueden conectarse en paralelo o en serie, por lo que el

Capítulo quince | Principios básicos de tubos

voltaje de alimentación del calentador debe ser 6,3 V ó 12.6 V, respectivamente.

Ten en cuenta que los tubos de potencia KT no obedecen a la designación de tubos Mullard-Philips.

El ***Apéndice B—Tonos de tubos de potencia*** tiene una tabla de tipos de tubos equivalentes con sus designaciones europeas y estadounidenses, y algunas características tonales generales en base a los experimentos de intercambio de tubos usando el Ganesha y RG88. ♪

Notas al final del capítulo

1. En Europa también se usa el término clásico "ánodo" para describir la parte del interior del tubo que se ve, mientras que en EE.UU. esta parte se denomina "placa" debido a su construcción.

Después de 35 años tocando la guitarra, aún me asombra que una canción pueda transportarme a aquel momento exacto en mi vida, cuando la oí por primera vez o cuando la escribí, evocando además la emoción que sentía entonces. Una instantánea vital y musical.

¿Qué otra cosa puede lograr algo así?

Mike Tabor
The Road Apples
www.theroadapples.net

Capítulo dieciséis

Principios básicos de seguridad

> 💣 **ADVERTENCIA**
> Los amplificadores de tubos pueden ser muy peligrosos y operar a los mismos voltajes que una silla eléctrica (500 V). Aunque los amplificadores a transistores operan a voltajes mucho más bajos, aún te puedes hacer daño con ellos.

Sé que algunos piensan, "me he electrocutado con 120 V (o incluso 240 V) CA del tomacorriente y no me pasó nada". El problema es que los amplificadores de tubos tienen suministros de alto voltaje que a menudo rozan los 500 V CC. Como es casi el doble de 240 V, muchos guitarristas y técnicos creen que el cuerpo les puede aguantar si de cuando en cuando les "pasa corriente" cuando están trabajando con un amplificador.

Los científicos han examinado el fenómeno del choque eléctrico al detalle para determinar exactamente qué ocurre dentro del organismo. A voltajes más bajos, el cuerpo es un conductor bastante malo. Como las células humanas están embarulladas, tienen una alta resistencia (a la corriente eléctrica le cuesta atravesar toda esa maraña). No existe una ruta eléctrica clara como, digamos, un alambre de cobre.

Sin embargo, a medida que la corriente empieza a fluir a través de tu cuerpo, tus células se empiezan a alinear en filas, reduciendo drásticamente la resistencia. Este alineamiento puede ocurrir muy rápido. Una vez que la electricidad ha creado una ruta a través de tu cuerpo, tu resistencia disminuye rápidamente a medida que la corriente aumenta rápidamente.

Lo más habitual es que, 100 mA (0,1 A) continuos te maten. Tan sólo 10 mA puede paralizarte el corazón y dañarte seriamente el sistema nervioso y otros tejidos como el cerebro. Fíjate que es la corriente lo que te mata, no los voltios en sí. Se necesitan muchos voltios para que la corriente empiece a fluir, pero una vez iniciada, los voltios necesarios para sostener una corriente mortal caen rápidamente.

La forma en que se ejecuta a la gente con la silla eléctrica es mediante un choque eléctrico de unos 2500 V durante un par de segundos, y luego se les aplican unos 500 V durante un periodo prolongado de tiempo para que le fallen los órganos (especialmente el corazón). Así que, al recibir 500 V en el amplificador, te dará el choque eléctrico que te matará, sin siquiera quedarte inconsciente primero.

Si alguna vez has sido lo suficientemente curioso como para usar tu ohmiómetro y medir tu propia resistencia personal, sabrás que se encuentra en el rango de las decenas de megaohmios. La corriente es voltaje dividido por ohmiaje, y 500 V divididos por 10 mega ohmios es 0,05 mA. Este es un valor de corriente lo suficiente bajo como para que creas que no habrá problema al recibir 500 V. El problema aquí es el terrible efecto de

Capítulo dieciséis | Principios básicos de seguridad

alineamiento, que hace que la resistencia de tu cuerpo cambie con el voltaje más alto. A más alto el voltaje, más baja será tu resistencia.

A medida que las células se alinean y la corriente aumenta, ésta empieza a estallarte las células como si fueran globos de agua, causando quemaduras eléctricas. A medida que la corriente va subiendo, puede destruir gran parte de tu cuerpo, como los huesos y demás órganos, y eventualmente pegarte fuego.

Si estas explosiones internas no te asustan, recuerda que tanto el corazón como el sistema nervioso (incluyendo el cerebro) son sistemas eléctricos. Aplicar electricidad aleatoria a dichos sistemas es como usar paletas de defibrilador o darte terapia de electroshock para borrarte la memoria.

Pero esta no es la parte más terrorífica del alto voltaje en los amplificadores de tubos. El voltaje de amplificador de tubos es CC, no CA (y en general la CA quiere lanzarte, pero la CC quiere pegarse a ti).

Una vez recibí unos 400 V de CC y experimenté un efecto muy curioso en el brazo y en la mano, que se me quedaron completamente inútiles durante el choque. Incapaz de responder a las señales de "¡suéltalo!" que me enviaba el cerebro a través del sistema nervioso, la mano y el brazo simplemente no me respondían. Me salvé gracias a las piernas, cuando retrocedí para desconectarme del circuito.

Me sentí el resto del día como si hubiera estado en una montaña rusa tras haberme emborrachado de tequila (más experiencias personales…), pero agradecí que no se me parara el corazón.

El voltaje CA tampoco es poca cosa. Durante mi postgrado, un profesor adjunto estaba ayudando a cablear un edificio en el campus trabajando con el circuito de distribución de alto voltaje CA de 13800 V (un voltaje de distribución común en emplazamientos grandes).

Parte Tres | Lo básico

Al conectar los cables de algunos transformadores reductores en un sótano de paredes de cemento, entró accidentalmente en contacto con los 13,8 kV. Salió lanzado al aire y a través de la habitación a una velocidad tal que cuando impactó contra la pared a unos 20 pies de distancia, tuvo suerte de romperse sólo el brazo. Y como salió lanzado, también tuvo suerte de que la corriente no le atravesara el cuerpo por mucho tiempo. Menos mal que no se electrocutó.

Mi última anécdota tiene que ver con CC de bajo voltaje. Una vez vi a un técnico de computadoras que intentaba reparar un Sistema de Alimentación Ininterrumpida (SAI), que tiene una batería de 12 V de buen tamaño (casi igual en tamaño a dos baterías de automóvil). Cuando entré, él tenía uno de esos destornilladores grandes de un pie de largo, y estaba apalancando la cubierta.

No sé cómo, el destornillador creó un cortocircuito y la batería arrancó el destornillador de la mano del técnico, que dio un giro de 90 grados, y le fracturó el dedo. El flash y el ruido hicieron que los M-80 sonaran como chispitas.

La electricidad es algo serio, y punto. Con todo respeto al poder de la electricidad, hay que tener en cuenta ciertas reglas generales de seguridad cuando vamos a usar los amplificadores de guitarra.

Reglas importantes de seguridad al usar un amplificador de guitarra:

- *Limpia periódicamente el vidrio de los tubos de preamplificador y de potencia con un paño suave, limpio y seco.*

    La grasa y el polvo de las manos debilita el vidrio a medida que se calienta el tubo.

- *Coloca siempre el interruptor de "Standby" en la posición de "OFF" ("apagado") antes de encender el amplificador y deja el interruptor de "Standby" en la posición de "OFF" ("apagado") al menos 20 segundos una vez encendido el amplificador.*

Capítulo dieciséis | Principios básicos de seguridad

Los tubos deben calentarse antes de que puedan recibir los altos voltajes con los que suelen funcionar sin mayor riesgo (300 V a 600 V). Si enciendes el interruptor de "Standby" aplicando altos voltajes a los tubos antes de que se calienten, puedes causar despojo catódico[1].

- *Antes de apagar el amplificador, coloca el interruptor de "Standby" en la posición de "ON" ("encendido") u "Operate" ("operación").*

  Dejar el interruptor de "Standby" en la posición de "ON" ("encendido") asegura (pero no garantiza) que la electricidad en los condensadores de filtro del amplificador se drenará por completo cuando apagues el amplificador.

- *Tras unos minutos o antes de que vuelvas a usar el amplificador, apaga de nuevo el interruptor de "Standby" antes de encender el interruptor de alimentación.*

- *Los tubos de potencia funcionan a temperaturas muy altas, así que ten cuidado de no tocarlos cuando el amplificador esté encendido o si lo ha estado recientemente, a menos que quieras chamuscarte la punta de los dedos.*

- *Nunca jamás extraigas tubos de potencia o de preamplificación de sus encajes mientras el amplificador esté encendido.*

- *Nunca toques la guitarra con el amplificador bajo la lluvia o en un tren, en un avión, en un bote…o comiéndote una mazorca* ☺.

La salida de la fuente de alimentación B+ en los amplificadores de tubos puede estar entre los 300 V CC (por ej., un AC 30) y 600 V CC (por ej., un Marshall Major o un Ampeg SVT), lo cual es más que suficiente para lesionarte. Busca ayuda profesional si tu amplificador no está funcionando bien. Pero si alguna vez miras el interior de un amplificador, practicar las siguientes reglas de seguridad pueden salvarte la vida.

Parte Tres | Lo básico

Sigue estas importantes reglas de seguridad al trabajar en un amplificador de guitarra:

- *Nunca jamás asumas que es seguro trabajar dentro de un amplificador porque lo apagaste hace un buen rato.*

  Los condensadores de fuente de alimentación tienen que estar totalmente descargados antes de que metas la mano dentro de un amplificador de guitarra. Si no sabes cómo descargar los condensadores de fuente de alimentación, no trabajes dentro del amplificador.

- *Si el circuito tiene problemas intermitentes (tales como el sonido entrecortándose) quizás debido a una conexión de soldadura fallida, usa un palo de madera largo y seco (como palito chino) para que toque las partes mientras buscas el problema.*

  Mantén siempre la otra mano en el bolsillo trasero, de manera que no crees una ruta para que la electricidad fluya desde una mano, atravesándote el corazón, hacia la otra mano.

- *Al usar un voltímetro para indagar un circuito, coloca siempre la mano que tengas libre en el bolsillo trasero.*

  Esta posición interrumpe el circuito de una de las manos hacia la otra, lo cual evita ponerte el corazón en peligro.

- *Nunca asumas que los contactos de voltímetro te protegerán por el resto de tu vida.*

  Esos contactos se deterioran y, tarde o temprano, te decepcionarán. Cada año o cada dos años, cómprate un juego nuevo. Tu vida vale más que su precio.

Unas palabras sobre atenuadores

Eléctricamente, los atenuadores y las cargas ficticias no son lo mismo que las bocinas. Los dispositivos de filtrado de las bocinas pasan bajo y actúan como un amortiguador para el amplificador. Los atenuadores y las cargas ficticias son más parecidas a lanzar

Capítulo dieciséis | Principios básicos de seguridad

el amplificador contra una pared de ladrillos con muy poca (o ninguna) amortiguación. El resultado final es que puedes obtener zumbidos, oscilaciones o picos que pueden causar que el transformador de salida se cortocircuite o que se fundan los tubos de potencia.

No todos los atenuadores son iguales y algunos causan estos problemas más que otros. Algunos amplificadores, aunque no muchos, tienen protecciones internas contra estos problemas. Así que, aunque los atenuadores no garantizan la destrucción del amplificador, son muy duros con él.

Bocinas, cargas y cable de bocina

Los amplificadores de tubos requieren de alguna forma de carga (mientras que los amplificadores de transistores no la necesitan). Usar el amplificador sin una carga (un dispositivo que disipa o consume la potencia que crea el amplificador), sea una bocina o carga ficticia, es equivalente a pisar a fondo el acelerador del auto mientras está en neutro. Toda la potencia que crea el amplificador la absorben los tubos y el transformador de salida, y si la mantienes activa durante un rato, el amplificador fundirá los tubos de salida y/o el transformador de salida, y tendrás que repararlo.

> 💣 **ADVERTENCIA**
> Nunca uses el amplificador de tubos sin una bocina u otra carga conectada a la salida de las bocinas.

Nunca uses cables de guitarra para conectar el amplificador a la(s) bocina(s), ya que los cables de guitarra no pueden transportar la cantidad de amperios que reciben las bocinas. Esta inhabilidad para transportar la corriente hace que el cable de la guitarra se queme internamente, lo cual desconecta bien la(s) bocina(s) del amplificador, causando los mismos problemas que cuando usas el amplificador sin una carga.

Parte Tres | Lo básico

Además, la capacitancia de los cables de guitarra causa oscilaciones o zumbido, lo cual garantiza que los cables de guitarra fundan el amplificador al igual que lo hacen los atenuadores.

> 💣 **ADVERTENCIA**
> Usa siempre el cable de bocina para conectar el amplificador a las bocinas. Otros tipos de cables pueden fundir el amplificador. ♪

Notas al final del capítulo

1. En lugar de simplemente "hervir" los electrones fuera del cátodo, el alto voltaje arranca literalmente los átomos completos fuera de un cátodo frío, causando un daño permanente que eventualmente conlleva que el tubo dure menos.

Es la relación más gratificante y exigente que he tenido en mi vida.

JS Deslauriers

Capítulo diecisiete

Conexión del equipo a tierra

Para entender realmente cómo se conecta tu equipo a tierra, tienes que saber cómo pasa la electricidad del poste de la calle a tu casa y de ahí a tu equipo.

Para la mayoría, la electricidad que viene de la compañía de luz es un poco misteriosa. En Norteamérica tenemos dos tipos distintos de voltajes en nuestras casas (a diferencia del sistema de voltaje único en Europa que de siempre ha variado de país en país, pero está regulado a 230 V).

En Norteamérica, el voltaje que llega a tu hogar desde el transformador del poste se supone que es de 234 V CA. En realidad, este voltaje generalmente es un poco alto, y ya que 234 es un número algo difícil de recordar, todos lo llaman 240 V. Antes de los años 50, el voltaje que llegaba a las casas era de 220 V, por eso aún oyes decir que los tomacorrientes son de 220 V.

Parte Tres | Lo básico

Por motivos de seguridad y por otras razones comunes, todos los 240 V junto con sus dos mitades (120 V cada una) están disponibles en los hogares norteamericanos. Los tomacorrientes en Norteamérica suelen programarse para 120 V, con la excepción de los tomacorrientes especializados para artefactos de gran carga tales como los secadores eléctricos de ropa, que están cableados para los 240 V.

Así como el lado primario del transformador de salida en un amplificador de tubos tiene una derivación central, el lado de salida secundario del transformador en el poste de luz tiene una derivación central que crea los dos voltajes de 120 V que llegan a tu casa. La derivación es una forma de acceder al centro de un devanado de transformador. Así que, en lugar de dos cables que salen de un devanado de transformador (uno para cada extremo), un transformador con derivación central tiene un tercer alambre conectado al medio del devanado del transformador.

Si te fijas en los alambres que salen de tu casa al transformador del poste, verás dos cables cubiertos en aislamiento negro y un alambre de color plata hecho de aluminio. Este último cable (plateado fuera de la vivienda, blanco dentro de la vivienda) es el derivado central del lado secundario del transformador, y está conectado a tierra en este poste.

Como los dos cables aislados negros están conectados a los dos extremos del transformador del poste de la calle, la diferencia de voltaje entre los dos cables negros que entran a tu casa siempre es de 240 V CA. Usando la analogía de las cataratas, un alambre es la parte de arriba de la catarata y el otro es la parte de abajo. Ses como sea, la diferencia entre los dos cables siempre es de 240 V.

El alambre que llega a tu casa y está conectado a la derivación central del devanado de transformador de poste es análogo al centro de la catarata. La diferencia entre el alambre central y uno de los dos cables negros siempre es de 120 V CA, mientras que la diferencia entre los dos cables negros se mantiene en 240 V CA.

Capítulo diecisiete | Conexión del equipo a tierra

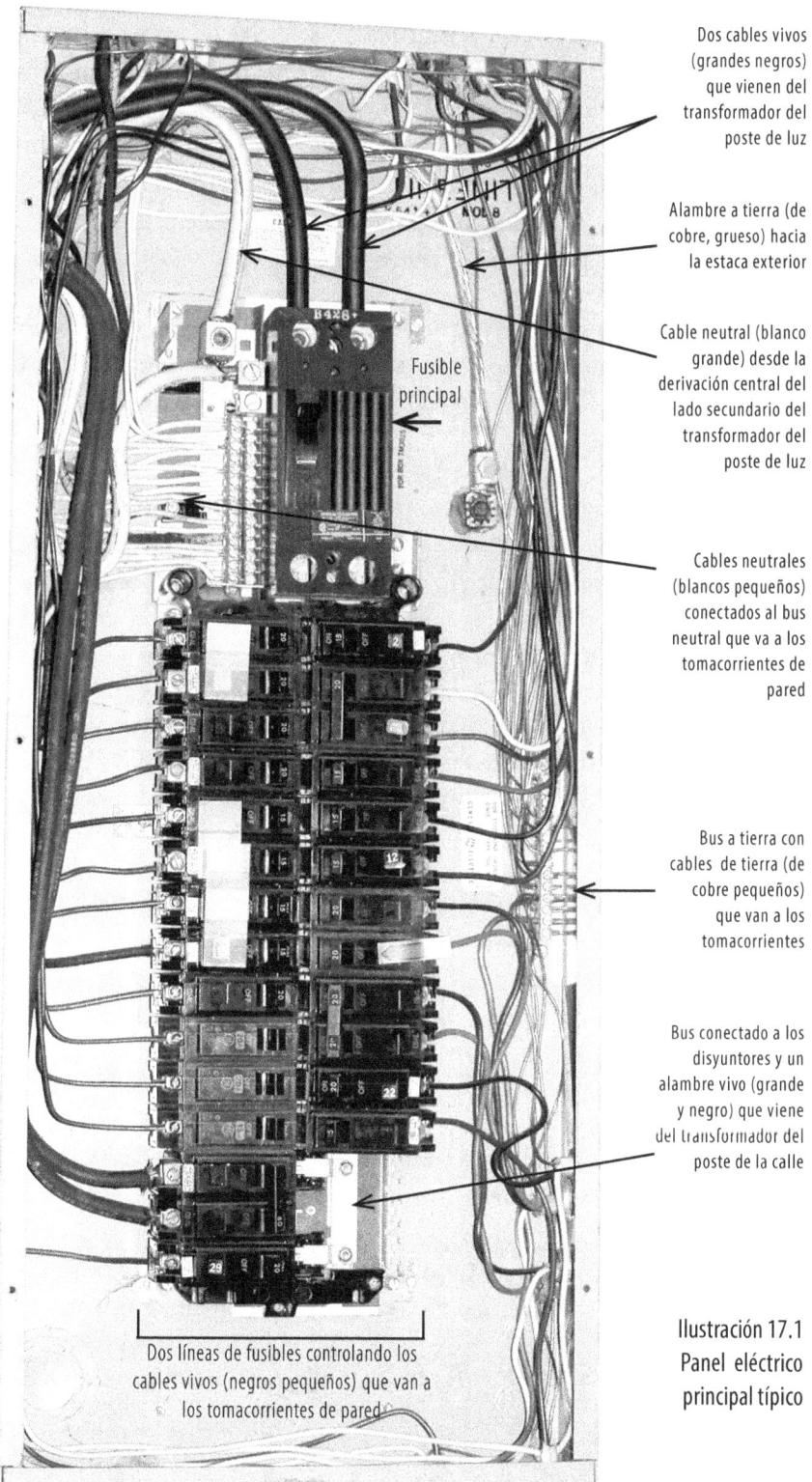

Ilustración 17.1
Panel eléctrico principal típico

Parte Tres | Lo básico

Los cables del transformador del poste de luz entran a tu casa y van al panel eléctrico principal (Ilustración 17.1), que es donde también llegan los cables de todos los tomacorrientes. El alambre desnudo del poste está conectado al bus neutral (básicamente, un gran pedazo de metal). El bus neutral está conectado en un punto al bus de tierra en el panel principal. Sin embargo, no consideres como tierra el bus neutral de tu casa.

Los dos cables negros van a través del interruptor principal/disyuntor en el panel del disyuntor y luego hacia los dos buses vivos (básicamente, dos tiras de metal detrás de los disyuntores más pequeños).

El disyuntor/fusible principal es el disyuntor grande en la parte más alta, separado y diferente a los demás disyuntores. Si tienes que interrumpir el fluido eléctrico de toda tu casa de una sola vez debido a, por ejemplo, una fuga de gas o a un incendio, tienes que usar el disyuntor principal.

Por cada tomacorriente de 120 V verás un cable negro y uno blanco. El cable negro del tomacorriente está vivo porque está conectado a uno de los buses vivos a través de uno de los disyuntores pequeños en la caja del disyuntor. El cable blanco del tomacorriente está conectado directamente al bus neutral.

Por cada tomacorriente de 240 V, verás dos cables transportadores de corriente, uno negro (conectado a uno de los buses vivos a través de un disyuntor) y el otro rojo (conectado al otro bus vivo a través de otro disyuntor)[1].

Los artefactos de tu casa tienen un cable conectado directamente (a través de los disyuntores/fusibles) a uno de los cables negros que vienen del transformador del poste. El otro cable de artefacto está directamente conectado, ya sea al alambre desnudo de derivación central para 120 V o al otro cable negro del transformador de poste (a través de disyuntores/fusibles) para 240 V.

Un alambre vivo y otro neutral (o dos alambres vivos de 240 V)

Capítulo diecisiete | Conexión del equipo a tierra

para cada tomacorriente es todo lo que se necesita para hacer funcionar artefactos. Las casas en Norteamérica se cablearon así durante mucho tiempo, por eso las residencias antiguas tienen tomacorrientes con sólo dos agujeros. Los códigos eléctricos de hoy requieren un tercer alambre que recorra todas las instalaciones, conocido como "de tierra" y conectado directamente a ella.

Volvamos al amplificador. El enchufe de alimentación del amplificador está conectado al lado primario del transformador de potencia del amplificador. Al transformador de potencia del amplificador no le importa cuál alambre sea neutral o vivo, siempre y cuando la diferencia de tensión entre los dos alambres sea de 120 V CA.

Con los amplificadores antiguos y algunos modernos especializados, el chasis del amplificador es de metal y se usa como un alambre grande (llamado "ierra de chasis"). Así que, cuando se necesite un alambre de tierra, el alambre sólo tiene que conectarse al chasis. De hecho, uno de los dos alambres que vienen del enchufe del tomacorriente también está conectado al chasis.

El interruptor de la muerte

Los amplificadores antiguos producen más o menos ruido eléctrico dependiendo de varios factores como la configuración particular del equipo, la electricidad que entra a tu casa, o el cable del tomacorriente de alimentación que eligió un fabricante para conectar el chasis a tierra. Para minimizar el ruido eléctrico, algunos amplificadores antiguos venían con un intcrruptor a tierra que te permitía seleccionar el alambre del tomacorriente de alimentación de tierra (es decir, conectado al chasis).

El problema con este interruptor es que las cuerdas de la guitarra TAMBIÉN están conectadas a la tierra del chasis a través de la guitarra. Dependiendo de la configuración del interruptor de tierra, el chasis está directamente conectado ya sea al alambre neutral o al alambre vivo del panel de alimentación.

Ahora, digamos que tocas la guitarra mientras cantas en un micrófono con una carcasa de metal (como la mayoría de los micrófonos). El micrófono también tiene una conexión a la tierra de chasis del sistema de megafonía. ¿Qué crees que pasará cuando el interruptor de tierra del amplificador conecta la tierra del chasis del amplificador al alambre opuesto de la tierra de chasis del sistema de megafonía? ¡120 V directos! Por este motivo, el interruptor de tierra también se conoce como el *interruptor de la muerte*.

El interruptor de la muerte y toda su configuración está hoy en día obsoleto y es, afortunadamente, ilegal. Fender crea reediciones de amplificadores antiguos con interruptores de tierra, pero el interruptor no está conectado a nada. Personalmente, creo que deberían olvidarse del interruptor de tierra y en su lugar deberían agregar algún circuito de polarización externa.

Aunque no defiendo la modificación de los amplificadores antiguos, apoyo que se deshabilite el interruptor de la muerte y se ponga correctamente a tierra a un amplificador usando un enchufe de tres alambres.

> **ADVERTENCIA**
> Pídele al técnico que deshabilite el interruptor de tierra o de la muerte en tu(s) amplificador(es) antiguo(s). Usar este interruptor puede causar lesiones o muerte por impacto eléctrico.

El alambre de tierra

Volvamos a cómo funciona la alimentación CA. La mayor diferencia entre una alimentación eléctrica tradicional y una alimentación eléctrica moderna es la adición de un alambre de alimentación.

En las casas más viejas de los EE. UU., los tomacorrientes tienen sólo dos agujeros, mientras que las casas nuevas tienen tomacorrientes con tres agujeros (los dos agujeros originales

Capítulo diecisiete | Conexión del equipo a tierra

además del de tierra). El propósito de un alambre de tierra es la seguridad, y nunca debe pasar corriente por él.

Las dos patas que llevan corriente tienen ahora dos tamaños para que sepas cuál es neutral y cuál está viva (la más grande está viva). La parte de tierra del conector es el agujero redondo que se ve muy distinto a las otras dos ranuras delgadas. En amplificadores modernos, el alambre de tierra está (esperemos) conectado al chasis, de manera que todo lo que toquemos fuera del amplificador se mantenga a voltaje de tierra.

En un procedimiento normal, los circuitos deben comportar los dos alambres habituales, sin corriente que fluya a través del alambre de tierra. La corriente debe fluir a través del alambre de tierra sólo cuando ocurre un fallo o un problema en algún lugar del sistema. Cuando todo va bien, cualquier corriente que pase a través del alambre de tierra causará que el disyuntor se dispare, desconectando el voltaje del alambre vivo.

Desafortunadamente, no siempre puedes confiar en el disyuntor para que desconecte la alimentación cuando tu equipo esté haciendo tierra o creando un cortocircuito. La corriente necesaria para que un disyuntor se dispare suele ser mayor o igual a 20 A. Hay situaciones peligrosas incluso a 120 V, como cuando la resistencia de tu cuerpo es baja (cuando estás mojado o parado sobre un charco), así que la capacidad de desconectar la alimentación incluso cuando un poco de corriente esté fluyendo en el alambre de tierra es esencial.

Por este motivo, las Normas de Instalación Eléctrica Nacional (*National Electrical Installation Standards* o NEIS) requieren ahora que todos los tomacorrientes en una habitación donde una persona probablemente vaya a estar mojada estén protegidos por un interruptor de circuito de falla de conexión a tierra (GFCI), a veces denominado un interruptor de falla a tierra (GFI). Un GFCI es un disyuntor que desconecta el alambre vivo del tomacorriente, igual que lo hace un disyuntor normal.

La diferencia es que un disyuntor regular se dispara cuando se alcanza un límite preestablecido en la corriente del alambre vivo (por ejemplo, 20 A). Un GFCI se dispara incluso cuando una pequeña cantidad de corriente (de 4 a 8 miliamperios, teniendo en cuenta que un miliamperio es una milésima de un amperio) fluye a través del cable a tierra, o cuando ocurre una discrepancia de más de 8 mA entre la corriente que fluye a través del alambre vivo y la del alambre neutral (el motivo para dispararse ante una discrepancia es que algo de esa corriente extra que fluye hacia afuera del alambre vivo puede fluir a través de ti antes de irse a tierra).

Un GFCI al inicio de un circuito de tomacorrientes los protege a todos en el trayecto de la corriente.

Para disfrutar de todos estos métodos modernos de protección contra la electricidad, un alambre de tierra de amplificador de guitarra debe estar conectado de forma muy segura y sólida al chasis en algún punto, de manera que las cuerdas de la guitarra estén siempre puestas a tierra para que no estés en peligro de sufrir una descarga eléctrica. Ni el alambre vivo ni los alambres neutrales que vienen del tomacorriente de alimentación deben estar conectados al chasis, ya sea directa o indirectamente a través de un condensador (como el interruptor de la muerte).

> 💣 **ADVERTENCIA**
> Nunca uses un conversor de tres alambres a dos alambres para que tu amplificador moderno funcione en una casa vieja. ¡Es demasiado peligroso! Mejor practica con la guitarra y con el amplificador a otro lado.

Después de todas estas frases sobre la importancia de tener una tierra de chasis y un tercer alambre de tierra en los enchufes, te preguntarás con todo derecho por qué aún puedes comprar artefactos como lámparas o aspiradoras con enchufes que sólo tienen dos patas.

Capítulo diecisiete | Conexión del equipo a tierra

Una clase de artefactos llamada de "doble aislamiento" puede omitir el alambre a tierra debido a que ninguna falla eléctrica en estos artefactos puede causar que el usuario entre en contacto con el voltaje de pared. Estas aplicaciones vienen literalmente con dos capas distintas de aislamiento, y tendría que haber un fallo muy serio para que te electrocutes. Ten en cuenta, sin embargo, que los amplificadores de guitarra con doble aislamiento no existen. Nunca uses un enchufe de dos patas con un amplificador de guitarra.

> 💣 **ADVERTENCIA**
> Si tienes un amplificador con un enchufe de dos patas, pídele al técnico que le agregue un alambre a tierra antes de encenderlo.

El alambre a tierra es tu mejor protección para no electrocutarte en caso de que ocurriera un fallo catastrófico dentro del amplificador. ♪

Notas al final del capítulo

1. Estos dos disyuntores se suelen conectar físicamente uno con otro dentro de un disyuntor doble. La razón por la que funciona el disyuntor doble es que los buses vivos se alternan físicamente en la parte del disyuntor del panel de alimentación. El disyuntor superior izquierdo está en un bus vivo, el segundo disyuntor a la izquierda está en el otro bus vivo y así sucesivamente.

Parte Cuatro

Apéndices

A | Tablas de Ohmios de Bocinas

B | Tonos de Tubos de Potencia

C | Tipos de Tubos de Preamplificador

D | Diagramas de Bloques de Preamplificador

Apéndice A

Tablas de ohmios de bocinas

Las siguientes tablas muestran las configuraciones de ohmios que se utilizan al conectar dos bocinas, usando conexiones ya sea en serie o en paralelo. La columna **OHMIOS Exactos** muestra la impedancia de amplificador ideal para ese par de bocinas: ajusta la impedancia de tu amplificador a la configuración más próxima disponible.

Las columnas **VATIOS** muestran el número de vatios que llegan a cada bocina para cada configuración.

> 💣 **ADVERTENCIA**
> Exceder la potencia nominal de una bocina individual hará que se funda.

Amplificador de 30 W

Dos bocinas conectadas en serie a un amplificador de 30 W.

OHMIOS Bocina 1	OHMIOS Bocina 2	OHMIOS Exactos	VATIOS Bocina 1	VATIOS Bocina 2
4	4	8	15	15
8	8	16	15	15
16	16	32	15	15
4	8	12	10	20
8	16	24	10	20
4	16	20	6	24

Amplificador de 30 W

Dos bocinas conectadas en paralelo a un amplificador de 30 W.

OHMIOS Bocina 1	OHMIOS Bocina 2	OHMIOS Exactos	VATIOS Bocina 1	VATIOS Bocina 2
4	4	2	15	15
8	8	4	15	15
16	16	8	15	15
4	8	2.7	20	10
8	16	5.3	20	10
4	16	3.2	24	6

Apéndice A | Tablas de ohmios de bocinas

Amplificador de 50 W

Dos bocinas conectadas en serie a un amplificador de 50 W.

OHMIOS Bocina 1	OHMIOS Bocina 2	OHMIOS Exactos	VATIOS Bocina 1	VATIOS Bocina 2
4	4	8	25	25
8	8	16	25	25
16	16	32	25	25
4	8	12	16.7	33.3
8	16	24	16.7	33.3
4	16	20	10	40

Amplificador de 50 W

Dos bocinas conectadas en paralelo a un amplificador de 50 W.

OHMIOS Bocina 1	OHMIOS Bocina 2	OHMIOS Exactos	VATIOS Bocina 1	VATIOS Bocina 2
4	4	2	25	25
8	8	4	25	25
16	16	8	25	25
4	8	2.7	33.3	16.7
8	16	5.3	33.3	16.7
4	16	3.2	40	10

Amplificador de 100 W

Dos bocinas conectadas en serie a un amplificador de 100 W.

OHMIOS Bocina 1	OHMIOS Bocina 2	OHMIOS Exactos	VATIOS Bocina 1	VATIOS Bocina 2
4	4	8	50	50
8	8	16	50	50
16	16	32	50	50
4	8	12	33.3	66.7
8	16	24	33.3	66.7
4	16	20	20	80

Amplificador de 100 W

Dos bocinas conectadas en paralelo a un amplificador de 100 W.

OHMIOS Bocina 1	OHMIOS Bocina 2	OHMIOS Exactos	VATIOS Bocina 1	VATIOS Bocina 2
4	4	2	50	50
8	8	4	50	50
16	16	8	50	50
4	8	2.7	66.7	33.3
8	16	5.3	66.7	33.3
4	16	3.2	80	20

Apéndice B

Tonos de tubos de potencia

El cambio de tubos de potencia es un mantenimiento rutinario esencial para todos los amplificadores de tubos. Un guitarrista que trabaja como músico necesitará un juego de tubos de potencia nuevo aproximadamente cada seis meses.

Cambiar el tipo de tubo de potencia puede tener un efecto muy drástico en el tono del amplificador, así que no tengas miedo de experimentar. Consulta el manual de instrucciones del amplificador para conocer sus características de cambio y el polarizado de los tubos.

> **ADVERTENCIA**
> Si tu amplificador no está polarizado por cátodo (autopolarizado) y no ofrece una función de polarizado externo, deberías llevarlo al técnico para que cambie los tubos de potencia. Modificar corrientes de polarización implica medir voltajes altos y letales. Para los amplificadores de polarización interna, pídele al técnico que cambie los tubos de potencia.

PARTE CUATRO | Apéndices

Características de tonos de tubo

NOMBRE DE TUBO	GANANCIA	ANCHO DE BANDA	SONIDO LIMPIO	SONIDO DISTORSIONADO
6L6 5881	Bastante bajo	Énfasis en el rango medio	Cálido	Suaves
6V6	Similar a 6L6 pero con menos potencia	Énfasis en el rango medio	De cálido a pantanoso (depende del fabricante)	De cálido a con pegada en las altas
EL34 6CA7	Mayor ganancia de tubos octales de potencia	Amplio ancho de banda con altos y bajos extendidos	Cristalino y articulado	De crujiente a cremoso con más fuerza
EL84 6BQ5	La máxima ganancia de todos los tubos de potencia	Amplio ancho de banda con altos y bajos extendidos	Articulado, campaneante	Crujiente con un poco de rugido en los altos
KT66	Un poco más de ganancia que un 6L6	Énfasis en los medios con más altos y bajos que un 6L6	Cálido con algo de buen agudo	Medio crujiente hacia suave
KT77	Ligeramente menos ganancia que un EL34	Similar al EL34 con altos ligeramente cortados	Cálido y articulado	De algo crujiente a suave
KT88	De baja ganancia	Similar al KT88 con menos extremos agudos	Cálido aunque levemente estéril	Contundente y directo, necesita mucho "drive" para quebrarse
6550	De baja ganancia	Similar al KT88 con menos extremos agudos	Un poco estéril	Contundente y directo, necesita bastante "drive", un poco fuerte en los bajos

Apéndice B | Tonos de tubos de potencia

Tabla de sustitución de tubos

NOMBRE DEL TUBO	TIPO DE TUBO	SUSTITUTOS ACEPTABLES[1]
6L6 5881	Pentodo de haz	EL34 KT66 KT77 KT88 6550[2]
6V6	Pentodo de haz	6L6 EL34 KT66 KT77 KT88 6550[3]
EL34 6CA7	Pentodo auténtico	6L6 KT66 KT77 KT88 6550
EL84 6BQ5	Pentodo auténtico	Ninguno
KT66	Pentodo de haz	6L6 EL34 KT77 KT88 6550
KT77	Pentodo de haz	6L6 EL34 KT66 KT88 6550
KT88	Pentodo de haz	6L6 EL34 KT66 KT77 6550
6550	Pentodo de haz	6L6 EL34 KT66 KT77 KT88

Notas al final del capítulo

1. Consulta con el técnico para asegurarte de que tu amplificador esté configurado apropiadamente para cambiar los tubos y valores adecuados de corriente de polarización.

2. Si el alto voltaje de alimentación (alias B+) del amplificador es menos que 425 V, un 6V6 puede cambiarse por otros tubos octales (6L6, EL34, KT66, KT77, KT88, 6550, etc.), asumiendo que el ajuste de polarización del amplificador tiene un rango lo suficientemente amplio.

3. Un amplificador de baja potencia diseñado para 6V6 se sobrecargará bastante al usar tubos de más alta potencia, pero no habrá mayores problemas.

Apéndice C

Tipos de tubo de preamplificación

Los tubos de preamplificador varían mucho dependiendo del fabricante y modelo. Los 12AX7, en particular, tienen una gran variedad de modelos para elegir.

La siguiente tabla es una guía de las características generales de los tubos de preamplificador. Consulta con el técnico para recibir más información sobre las variedades mejores y más recientes.

Parte Cuatro | Apéndices

Tipos de tubo de preamplificador

NOMBRE DE TUBO	NIVEL RELATIVO DE GANANCIA	CAPACIDAD MANIPULACIÓN POTENCIA(V)	SUSTITUTO ACEPTABLE	EUROPEOS Y MILITARES EQUIVALENTES	
Hot 12AX7	100%	1.2	Cualquiera 12AX7 12AY7 12AT7 12AU7	12AX7A ECC83 7025 ECC803S CV4004 E83CC	
Low gain 12AX7	80%	1.2	Cualquiera 12AX7 12AY7 12AT7 12AU7	12AX7A 7025 CV4004	ECC83 ECC803S E83CC
5751 Special Mil Spec 12AX7	70%	1.2	Cualquiera 12AX7 12AY7 12AT7 12AU7	ECC83 7025	
12AT7	60%	2.5	12AU7	ECC81 6021 CV455 CV4024 A2900 CV455	
12AY7	44%	1.5	Cualquiera 12AX7 12AY7 12AT7 12AU7	6072 6072A	
12AU7	20%	2.75	12AT7	12AU7A ECC82 ECC802S CV4003 E82CC 5814A	

Apéndice D

Diagramas de bloque de amplificadores

Los diagramas de bloque en las siguientes dos páginas muestran los flujos de señal para un amplificador antiguo no especificado y para un amplificador moderno de dos canales con detalles inútiles. Tu amplificador puede no tener todos los componentes que se muestran aquí.

El **_Diagrama de bloques del amplificador moderno_** no incluye las rutas de señal dc polarización y fuente de calentador. Como estos componentes de alimentación son idénticos para ambas configuraciones, consulta el **_Diagrama de bloques de amplificador antiguo_**.

Parte Cuatro | Apéndices

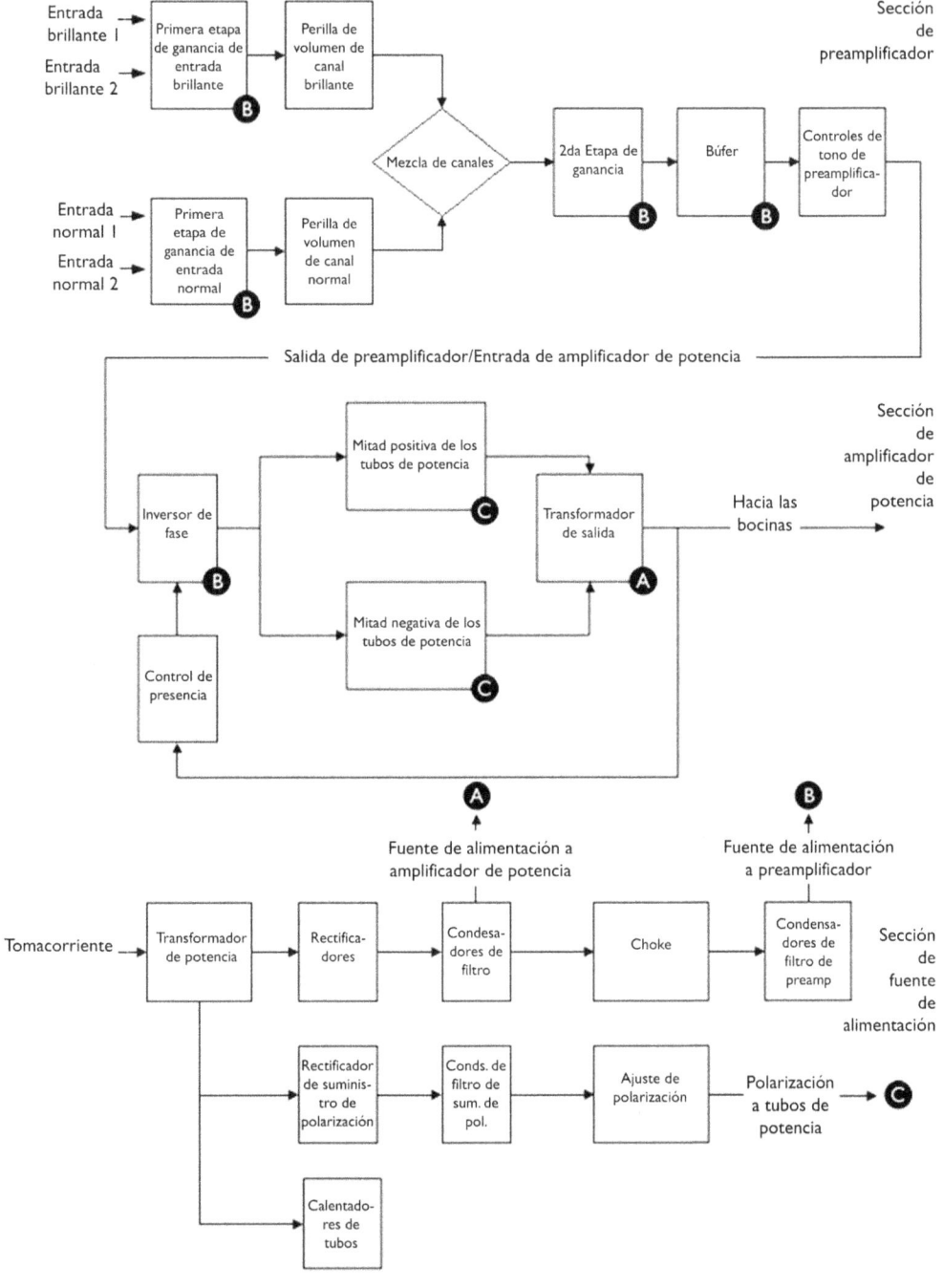

Ilustración D.1
Diagrama de bloques de amplificador antiguo

Apéndice D | Diagramas de bloque de amplificadores

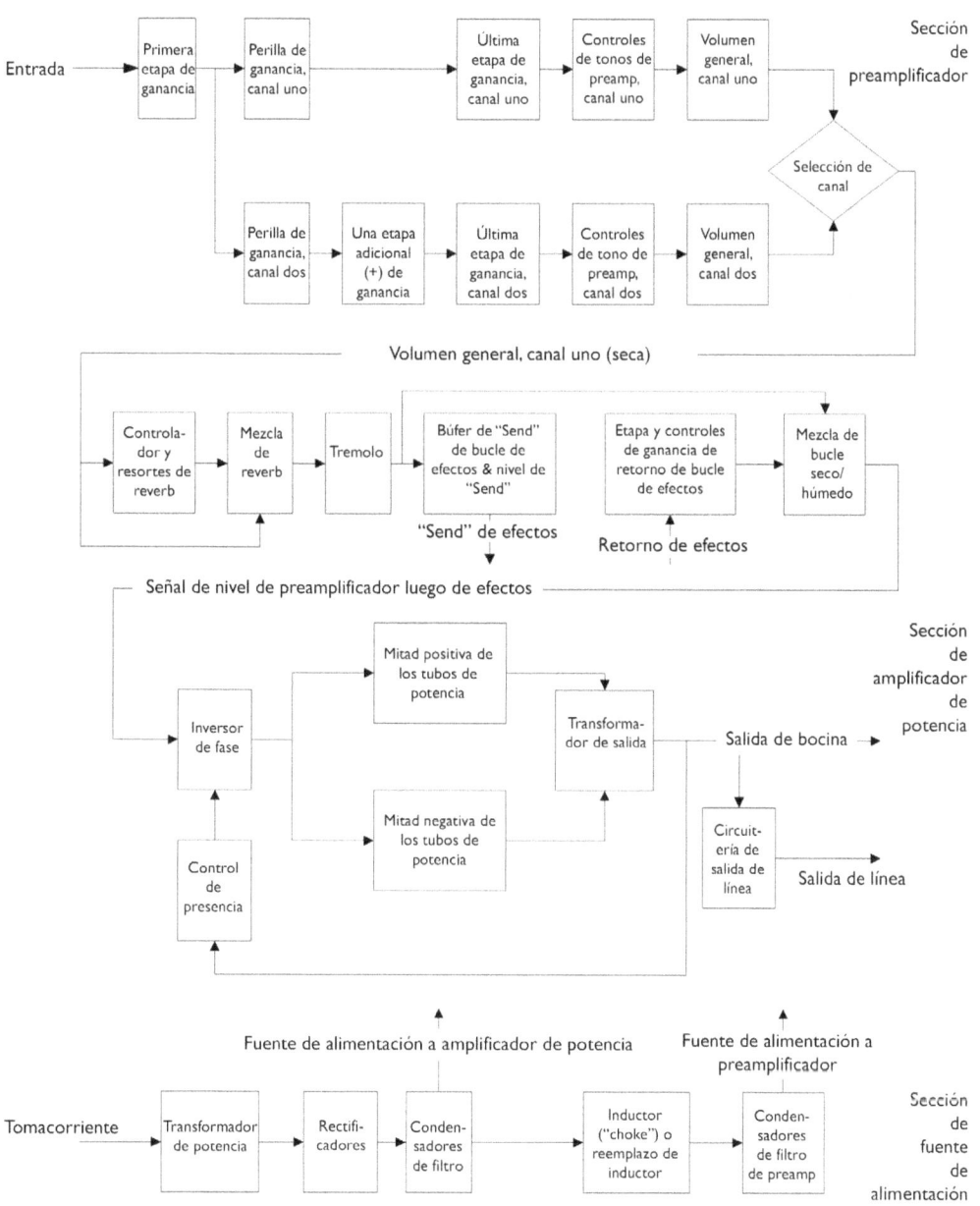

Ilustración D.2
Diagrama de bloques de amplificador moderno

PARTE CINCO

Listas de verificación y glosarios

LISTA DE VERIFICACIÓN A | ELECCIÓN DEL AMP

LISTA DE VERIFICACIÓN B | REGLAS DE SEGURIDAD

GLOSARIO A | TÉCNICO

GLOSARIO B | TONALES

Lista de verificación A

Elección del amplificador

Consideraciones personales

❏ *¿Necesito este amplificador para una gran variedad de tonos o puedo permitirme diferentes amplificadores para diferentes tonos?*

❏ *¿Voy a tocar en vivo con este amplificador? Si es así, ¿el sistema de megafonía (PA) de la banda me permitirá conectar un micrófono al amplificador?*

Parte Cinco | Listas de verificación y glosarios

- *¿Cómo de fuerte suena mi baterista?*

- *¿Cómo de fuerte puedo o quiero tocar en mi lugar habitual de ensayo?*

Preguntas específicas de amplificadores

- *¿El amplificador genera demasiado ruido?*

- *¿El amplificador tiene una buena articulación de cuerda a cuerda al sonar tanto en limpio como distorsionado? ¿Puedo escuchar cada cuerda individual o los acordes se convierten en un rugido distorsionado? ¿El amplificador me motiva y me hace querer tocar?*

- *¿El amplificador distorsiona las bajas frecuencias al forzarse?*

- *¿El amplificador también acepta pedales?*

Lista de verificación A | Elección de un amplificador

❑ *¿El amplificador responde a mi toque o parece como si tocara un teclado?*

❑ *¿El amplificador suena bien tanto con pastillas Humbucker como con pastillas de bobina única?*

❑ *Al girar los controles de tono del amplificador, ¿se nota algún cambio?*

❑ *¿El amplificador zumba demasiado al distorsionarse?*

❑ *¿Están los tubos de potencia autopolarizados, polarizados por cátodo o son de polarización fija?*

❑ *Si los tubos de potencia son de polarización fija, ¿el amplificador ofrece una función de polarización externa para que pueda medir y modificar la polarización sin tener que desarmar el amplificador?*

Para más información sobre estas importantes consideraciones, lee el **Capítulo uno—Un buen amplificador**. ♪

Lista de verificación B

Reglas de seguridad

Reglas de seguridad al tocar con el amplificador

❏ *Limpia periódicamente el vidrio de los tubos de preamplificador y de potencia con un paño suave, limpio y seco. La grasa de las manos debilita el vidrio a medida que el tubo se calienta.*

❏ *Coloca siempre el interruptor de "Standby" en la posición de "OFF" (apagado) antes de encender el amplificador y deja el interruptor de "Standby" en la posición de "OFF" (apagado) al menos 20 segundos una vez hayas encendido el amplificador..*

Parte Cinco | Listas de verificación y glosarios

- *Antes de apagar el amplificador, coloca el interruptor de "Standby" en la posición de "ON" (encendido) u "Operate" (activar).*

- *Tras unos minutos, o antes de que vuelvas a usar el amplificador, apaga de nuevo el interruptor de "Standby" antes de encender el interruptor de alimentación.*

- *Los tubos de potencia funcionan a muy altas temperaturas, así que ten cuidado de no tocarlos cuando el amplificador esté encendido o si ha estado encendido recientemente, a menos que quieras chamuscarte la punta de los dedos.*

- *Nunca jamás retires tubos de potencia o de preamplificación de sus encajes mientras el amplificador esté encendido.*

- *Nunca toques el amplificador bajo la lluvia o en un tren, en un avión, en un bote…o comiendo mazorca de maíz* ☺.

LISTA DE VERIFICACIÓN B | Reglas de seguridad

Reglas de seguridad al trabajar con tu amplificador

> 💣 **ADVERTENCIA**
> Los amplificadores de tubos operan a los mismos voltajes que una silla eléctrica (500 V) y pueden ser muy peligrosos. Aunque los amplificadores a transistores operan a voltajes mucho más bajos, aún te puedes hacer daño con ellos. Ten cuidado y sigue siempre estas reglas de seguridad.

❏ *Nunca jamás asumas que, como apagaste el amplificador hace un buen rato, puedes abrirlo y meter la mano. Los condensadores de filtro pueden retener voltajes mortales.*

❏ *Si el circuito tiene problemas continuos (como sonido entrecortándose) quizás debido a una conexión de soldadura fallida, usa un palo de madera largo y seco (como un palito chino) para que toque las partes mientras buscas el problema.*

❏ *Al usar un voltímetro para indagar un circuito, coloca siempre la mano que tengas en el bolsillo trasero del pantalón.*

❏ *Nunca asumas que esos contactos de voltímetro te protegerán por el resto de tu vida. Cámbialos, por lo menos, una vez al año.*

Para más información sobre estas importantes reglas de seguridad, lee el ***Capítulo dieciséis—Principios básicos de seguridad***. ¡Disfruta del amplificador, ten cuidado siempre y toca de forma segura! ♪

Glosario A

Técnico

aislador
Un material que no conduce (o deja pasar) la electricidad. Los aisladores se suelen emplear para recubrir alambres y así proteger a las personas y a los equipos de entrar en contacto de forma inesperada con la electricidad que transmite el cable interno.

amplificador operacional u opamp
Un circuito integrado en un amplificador de ganancia muy alta, pero no necesariamente de gran calidad. La ganancia general y otros parámetros se definen por resistencias y condensadores externos que comprenden un circuito opamp.

BJT o transistor de unión bipolar
El transistor original; el BJT se comporta menos como un tubo que cualquier otro tipo de transistor.

bobina
Ver inductor.

Parte Cinco | Listas de verificación y glosarios

bobina de voz La bobina de alambre (o inductor) en una bobina. La corriente CA producida por el amplificador está conectada directamente a la bobina de voz. La bobina está enrollada alrededor de un formador de bobina de voz, que está conectado al cono. La corriente en la bobina crea un campo magnético que interactúa con el campo magnético creado por el imán permanente de la bocina, que hace que la bobina se mueva.

CA o corriente alterna

El voltaje que varía entre cero y un voltaje máximo o "pico" y baja de nuevo a cero para luego bajar a un mínimo voltaje negativo "pico" y regresa de vuelta a cero para iniciar todo el ciclo de nuevo. El número de veces que una forma de onda de voltaje se repite en un segundo se llama "frecuencia" y se mide en Hertz.

caída de tensión (sag) de fuente de alimentación

Fenómeno en el que, a más potencia requiere el amplificador de la fuente de alimentación, menor es el voltaje que crea la fuente de alimentación. Un buen ejemplo es cuando enciendes las luces del auto antes de arrancarlo: cuando giras la llave para poner el motor en marcha, las luces se atenúan. Esta atenuación la causa el motor de arranque al tomar tanta corriente de la batería que el voltaje de la batería cae (o se "flexiona" (sag).

CC o corriente continua

Voltaje que no varía y se mantiene igual. El voltaje producido por la batería de tu auto suele ser siempre 12 V. Todos los amplificadores usan una o más fuentes de alimentación de voltaje CC para hacer funcionar y polarizar los tubos.

choke Ver inductor.

Glosario A | Técnico

componentes pasivos (o simplemente "pasivos")
Componentes electrónicos que no amplifican el voltaje ni la corriente. El término, generalmente, se refiere a resistencias, condensadores e inductores.

condensador Un componente de circuito eléctrico que se mide en faradios, usualmente en microfaradios (µF) o picofaradios (pF), que permite que sólo pase voltaje/corriente CA, no voltaje y corriente CC.

Los condensadores bloquean el voltaje CC de manera que un lado del condensador puede tener un voltaje CC muy alto y el otro lado puede estar a 0 V CC. Con dos conductores separados por un aislante, un condensador permite que las altas frecuencias pasen, bloqueando las frecuencias CA a medida que la frecuencia baja.

condensador de filtro
Un condensador grande, usualmente electrolítico, que se usa para suavizar los rizados (irregularidades) en las fuentes de alimentación, haciendo que la alimentación que va al amplificador actúe como una CC perfecta.

condensador electrolítico
Un condensador que tiene un aislante electrolítico entre los dos conductores. Los aisladores electrolíticos pueden retener más carga (con una capacitancia nominal más alta en Faradios) y soportan un voltaje mucho más alto en un espacio más pequeño que otros aislantes. Los condensadores electrolíticos se usan mejor en aplicaciones de fuentes de alimentación, a diferencia de aplicaciones de enrutamiento de señal de audio.

Parte Cinco | Listas de verificación y glosarios

conductor
: Un material que permite que la electricidad pase fácilmente a través de el (por ejemplo un alambre de metal).

conexión ("plug")
: La parte macho de un cable de guitarra que conectas a un conector ubicado en la guitarra o en el amplificador.

conexión en paralelo
: Dos dispositivos eléctricos se conectan en paralelo cuando la corriente que fluye a la combinación puede ir a la entrada de cualquiera de los dispositivos. Por ejemplo, dos mangueras conectadas juntas al grifo, permitiendo que el agua fluya a ambas mangueras, se llama una conexión en paralelo.

conexión en serie
: Dos dispositivos eléctricos están conectados en serie cuando la corriente fluye hacia el primer dispositivo y fuera para entrar al segundo dispositivo y volver a salir. Por ejemplo, dos mangueras conectadas juntas con un extremo de la doble manguera conectada a un grifo es una conexión en serie.

cono
: La parte más grande de una bocina, movida por la bobina de voz. El cono se usa para empujar y jalar aire, lo cual crea sonido.

devanado primario
: Una bobina de alambre usada como la entrada del transformador.

devanado secundario
: Uno o más bobinados o espirales de alambre usados como salida de un transformador.

Glosario A | Técnico

diodo Un diodo es un componente de circuito que permite que la corriente fluya en una sola dirección. Los diodos se suelen usar para crear circuitos rectificadores y pueden ser de tubos o de estado sólido. Los diodos de estado sólido son como perfectos interruptores "on/off" para flujo de corriente. Los tubos rectificadores son como perfectos interruptores con una resistencia bastante grande.

dispositivo discreto
Dispositivo único, por ejemplo, una resistencia, transistor o tubo (a diferencia de un chip de circuito integrado que tiene muchos dispositivos dentro).

distorsión cruzada
Distorsión horrorosa que ocurre cuando los tubos de salida están polarizados demasiado fríos.

encaje de tubo El encaje de cerámica o plástico al que conectas un tubo dentro. Los orificios del encaje contienen mangas huecas de metal que aceptan las clavijas del tubo.

estado sólido Se refiere al uso de transistores para controlar el flujo de electrones a través de un semiconductor. Los tubos de vacío controlan el flujo de electrones a través de un tubo de vacío. El estado sólido es lo opuesto al estado de vacío.

FET o transistor de efecto de campo (TEC)
Un transistor que se comporta más como un tubo que como un BJT (transistor de unión bipolar).

frecuencia La frecuencia se mide en Hertzios (Hz), o en literatura antigua, en ciclos por segundo (cps). En una forma de onda repitente (o de CA), la frecuencia es el número de veces en que la forma de onda que se repite completa un ciclo en un segundo.

germanio   Un material más antiguo, usado antes de que el silicio se hiciera el semiconductor dominante. Los diodos y los transistores de germanio tienen características de distorsión y recorte que los hacen deseables para uso de pedales de efectos de guitarra.

headroom (margen)
La cantidad de potencia que puede producir un amplificador más allá de su potencia nominal.

IC o circuito integrado
Un circuito de estado sólido que consta de transistores, resistencias y condensadores. Un IC puede contener desde decenas hasta millones de componentes dependiendo del circuito.

impedancia   Con voltajes CC, la impedancia es igual a la resistencia. Con los voltajes CA, la resistencia y otros factores entran en juego, limitando el flujo de corriente de un circuito. La suma de todos los factores que limitan el flujo de corriente se denomina impedancia.

inductor   Un elemento de circuito medido en henrios (H) que permite que pase la CC, pero va bloqueando la CA cada vez más a medida que la frecuencia va aumentando. Los inductores se usan en circuitos de filtrado de altas frecuencias como ecualizadores gráficos o elementos de filtrado de fuente de alimentación. Un transformador es un juego de dos o más inductores que comparten un núcleo magnético.

inversor de fase (phase inverter o PI)
Circuito que produce dos señales desfasadas, con una señal que sube y la otra que baja. En los amplificadores push-pull (que son la mayoría) los dos tubos (o dos juegos de tubos) o los transistores de potencia requieren que estén perfectamente desfasados a 180° uno con otro.

jack o conector Un jack o conector es un receptáculo hembra donde se conecta una conexión (o "plug"). El receptáculo donde conectas la guitarra al amplificador se llama el conector de entrada (o "input jack").

JFET o transistor de efecto de campo de unión
Un modelo antiguo de FET con características similares a un transistor de efecto de campo de semiconductor de óxido metálico (MOSFET), se suele usar como un interruptor de estado sólido.

MOSFET o transistor de efecto de campo de semiconductor de óxido metálico
El tipo de transistor que más se asemeja a un tubo (especialmente a un pentodo).

núcleo El material rodeado por el devanado (o bobina) de un inductor o transformador. El núcleo puede ser aire (como en las bocinas) o material fácilmente magnetizado como el hierro (como en los chokes y transformadores).

OPT o transformador de salida
El OPT conecta los tubos de potencia a las bocinas. Tiene un devanado primario que se suele compartir mitad y mitad con cada juego de tubos de potencia. El segundo devanado está conectado a la salida de bocina del amplificador.

Parte Cinco | Listas de verificación y glosarios

pentodo Un dispositivo de amplificación de tubo de vacío con cinco ("penta") elementos.

perilla Una perilla es un controlador manual conectado a un potenciómetro. La perilla se usa para girar fácilmente el potenciómetro y ayuda a que el amplificador sea más atractivo.

potenciómetro Un resistor variable con dos extremos y una conexión central de escobilla que varía de forma mecánica mediante un giro. Los potenciómetros siempre tienen una perilla conectada a ellos para que sea fácil hacerlos girar. Las escobillas de los potenciómetros no sellados pueden ensuciarse y tendrán que limpiarse con un limpiador de contactos lubricado.

RMS o media cuadrática

Ya que no varía, el voltaje CC es fácil de medir (por ejemplo, la batería de tu auto siempre es 12 V). El voltaje CA varía y es más complicado para medir. Como la forma de onda es positiva la mitad del tiempo y negativa la otra mitad, promediar simplemente el voltaje CA resulta en 0 V. RMS es una fórmula matemática que se usa para medir la fuerza del voltaje CA con el objetivo de producir una cifra equivalente para un voltaje CC.

Por ejemplo, una bombilla de luz conectada a 120 V CC brilla tanto como una bombilla conectada a 120 V_{rms} CA. Cuando se habla de voltaje CA, casi siempre nos estamos refiriendo al valor RMS de la forma de onda CA.

rectificador Un circuito con dos o más diodos que toma un voltaje CA e invierte la mitad positiva en voltaje positivo. Un rectificador es como un generador de una serie de montículos positivos que se suavizan mediante condensadores de filtro para formar un voltaje CC (o plano) relativamente constante.

Glosario A | Técnico

resistencia   Componente de circuito (que se mide en ohmios) que permite que tanto la corriente CC como CA pase de forma controlada a restringida. El voltaje en un extremo del dispositivo es igual al voltaje en el otro extremo, además de la corriente que lo atraviesa multiplicada por la resistencia. La ecuación para la resistencia es:

$$\text{Voltaje en un extremo} = \text{Voltaje en el otro extremo} + (\text{resistencia} \times \text{corriente})$$

retroalimentación negativa
   Término de ingeniería para un circuito que reduce la distorsión comparando la salida del circuito con su entrada. El precio de la reducción de distorsión es una reducción en ganancia.

retroalimentación positiva
   Término de ingeniería para un circuito que crea de forma casi incontrolable un volumen cada vez más fuerte alimentando la salida del sistema de vuelta a la entrada. Coloca la guitarra frente a las bocinas mientras el amplificador está al máximo de volumen y se creará una retroalimentación positiva.

selector de impedancia
   Un interruptor selector de impedancia te permite elegir cómo el transformador de salida está conectado a las salidas de la bocina para lograr (o no) la potencia de salida óptima del amplificador. Por lo general, puedes elegir entre 4, 8 ó 16 ohmios.

semiconductor
   Material sólido que no conduce por completo (como lo hace el cobre) ni aísla por completo (como lo hace el plástico). Los electrones pueden fluir a través de un semiconductor pero sólo con ayuda (que es la función del transistor). Los materiales comunes de semiconductor incluyen el germanio, silicio y arseniuro de galio.

Parte Cinco | Listas de verificación y glosarios

tetrodo Dispositivo de amplificación de tubo de vacío con cuatro ("tetra") elementos.

tetrodo de haz dirigido (kinkless o sin pliegue)
Dispositivo de amplificación de tubo de vacío que contiene cuatro (tetra) elementos con un quinto elemento virtual. Un tetrodo kinkless simula un pentodo.

tierra El punto en un circuito cuyo voltaje es 0 V CA y 0 V CC. La tierra suele estar conectada a través del alambrado de la vivienda a una estaca en la tierra, fuera de la casa/edificio.

tone stack ("control de tonos")
Circuito de amplificador, incluyendo los potenciómetros, asociado con la mayoría de controles de bajos, medios y agudos. El tone stack tiende a semejarse a una pila de potenciómetros conectados entre ellos a través de varias resistencias y condensadores.

transformador de potencia o PT
Parte de la fuente de alimentación que (dependiendo del amplificador) convierte 120 V CA de voltaje de pared en alto voltaje CA, usado para las demás partes de la fuente de alimentación para crear el alto voltaje CC que necesitan los tubos. El transformador de potencia también crea el voltaje CA que necesitan los calentadores de tubos, circuitería de polarización, etc.

tubo de potencia de haz o pentodo de haz
Ver "tetrodo de haz dirigido" (kinkless o sin pliegue).

transformador Componente de circuito con una entrada y una o más salidas. La entrada y cada salida son bobinas de alambre enrolladas alrededor de un núcleo compartido de hierro. La corriente CA en la bobina de entrada crea un campo magnético en el núcleo de hierro. El campo magnético en el núcleo crea corriente CA en las bobinas de salida. Cada voltaje de salida está relacionado al voltaje de entrada según el número de vueltas de alambre en cada bobina.

transistor   Dispositivo de tres terminales que puede imaginarse muy semejante a un tubo triodo, pero actúa más como un pentodo en sus características de flujo de corriente. El transistor se usa para controlar el flujo de electrones a través de un semiconductor sólido como uno de silicio o germanio.

triodo   Un dispositivo de amplificación de tubo de vacío con tres ("tri") elementos. El flujo de corriente entre dos de los elementos se controla por el voltaje en el tercer elemento.

tubo   Dispositivo usado para controlar el flujo de electrones a través del vacío. Se suele llamar "tubo de vacío".

válvula   Nombre europeo para un tubo de vacío. ♪

Glosario B

Tonales

adefesio — Como en "por favor, apaga este adefesio". Referencia sobre una caricatura con una consola de sonido que tenía una perilla de sonido "adefesio" (malo, terrible).

articulado — El amplificador es resolutivo al toque y al tono de la guitarra, produciendo un sonido claro, incluso cuando el amplificador está sonando distorsionado o con overdrive.

blando — Usualmente se refiere a que el extremo bajo no es directo o de alta fidelidad.

brillante — Agudos acentuados.

campaneante
Buenos extremos agudos, brillantes y chispeantes. Los ejemplos se encuentran en los Vox AC30 o Fender Blackface.

Parte Cinco | Listas de verificación y glosarios

comprimido
El amplificador "estruja" el volumen general y la distorsión en cada nota. Las notas suenan relativamente igual de fuerte, sin importar lo duro o suave que pulses la cuerda.

definición cuerda por cuerda
Capacidad de oír cada cuerda en un acorde, incluso cuando el amplificador está distorsionando.

delgado
Lo opuesto a "gordo", usualmente carente de bajos y medios bajos.

dimebag
No, no es una droga. Se refiere a la opción de tono de Dimebag Darrell (guitarrista de Pantera) que consiste en subirle al máximo las perillas de bajos y agudos (a diez) y bajar por completo la perilla de medios (a cero), una receta perfecta para clásicos sonidos de metal siempre y cuando el control de medios ofrezca el rango necesario.

directo
Respuesta inmediata y de alta fidelidad del amplificador.

distorsión
Término generalmente asociado con amplificadores que llevan un volumen general y tienen mayor ganancia, la distorsión tiene un tono más modificado que un simple overdrive. Por ejemplo, Led Zeppelin generalmente tiene un tono de overdrive, mientras que Korn tiene un tono distorsionado.

estéril
Tono con falta de carácter, como si hubieras conectado la guitarra directamente a un estéreo o a una consola de mezclas.

flatulento o pedorrero
Demasiado blando, es decir, cuando el extremo bajo está completamente fuera de control y crea un sonido pedorrero.

Glosario B | Tonales

gira-perillas
Guitarrista que se la pasa más girando perillas en el amplificador que tocando la guitarra.

gordo Tono grueso o con muchos bajos y/o medios.

honky Un rango medio demasiado acentuado.

limpio Muy poco overdrive o distorsión.

Marshall, sonido tipo
Por lo general, un sonido relativamente directo y de alta fidelidad con un rango medio superior pronunciado, extremo bajo de alta fidelidad y una buena articulación.

nítido Amplificador que traduce exactamente lo que estás tocando. Lo opuesto de opaco.

nido de avispas
Distorsión nada suave. Mucho fuzz en las notas, llevándose toda la claridad y contundencia.

opaco Respuesta retrasada y hundida con un recorte de altos extremos.

oscuro Falta de agudos.

overdrive Incremento de la señal de guitarra que va al amplificador de manera que el preamplificador, el amplificador de potencia y/o las bocinas se fuerzan desde un comportamiento lineal (limpio) a uno no lineal (sucio).

peludo Como en una nota "algo peluda", quiere decir un poco de distorsión en una nota por lo demás limpia.

Parte Cinco | Listas de verificación y glosarios

punzón en la frente
: Un agudo extremo punzante que, literalmente, te hace sentir como si te estuvieran clavando un punzón en la frente.

raunchy
: Tipo de distorsión de vieja escuela, como blues antiguo o inicios del rock & roll (un gran ejemplo es la guitarra de Muddy Waters).

resolutivo al toque
: Un amplificador que responde a tu técnica individual de ataque de pulsación con cambios en tono y respuesta (o tacto).

rugido
: Una distorsión profunda y gutural, opuesta a un agudo extremo chillón.

sensible al tacto
: Un amplificador que responde más o menos igual, independientemente de la técnica de pulsación que uses. Como tocar ligeramente las cuerdas crea la misma distorsión de alta ganancia que el rasgueo, la sensibilidad de toque a menudo se refiere a la alta ganancia. Es lo opuesto a resolutivo al toque.

suave
: Lo opuesto de contundente o directo, una respuesta más mansa y menos agresiva.

"transistor", a lo
: Tono delgado, estéril y zumbante.

tweedy
: Amplificador que responde con las características de tonos opacos, pantanosos y salvajes de los amplificadores Fender Tweed.

zumbante o buzzy
: Ver "nido de avispas". ♪

Seis cuerdas, diez dedos, la infinidad del tiempo y un torbellino de pasiones.

Tom Wurtz

Sobre el autor

Dave Zimmerman

DAVE ZIMMERMAN se graduó con honores de la Universidad de Washington en 1994 con el título de Master de Ciencias en Ingeniería Electrónica. Su tesis consistió en el diseño de un circuito análogo aplicando la teoría del caos. Dave ha estado aplicando análisis no lineales a dispositivos electrónicos premiados y, desdes entonces, programas de software medioambientales. Como fundador de Maven Peal Instruments, ha cableado a mano más de mil amplificadores que llevan un nuevo diseño de fuente de alimentación llamado *Sag Circuit*.

Sobre los traductores

Javier Moreno

JAVIER MORENO es traductor autónomo y vive en Oakland, California. Él también es guitarrista/bajista de una banda de Latin Rock de San Francisco llamada Gold Band. Nacido en Perú, posee el título de Bachiller en Ingeniería Electrónica de la Universidad Ricardo Palma de Lima y un Certificado de Ingeniería de Sonido de UCLA Extension. Además, tiene una radio en línea de rock clásico y otras rarezas en cacaorock.com.

Sobre los traductores

Sarai Gutiérrez Rodríguez

SARAI GUTIÉRREZ RODRÍGUEZ es traductora jurada certificada por el Ministerio de Asuntos Exteriores de España. Además de hacer traducciones legales y financieras, Sarai se ha especializado en el campo de la traducción literaria cursando los estudios de Posgrado en la Universidad Pompeu Fabra. Gran amante de las letras y los viajes, Sarai es también profesora de español, inglés y francés, y ha vivido y trabajado en España, Francia y Gran Bretaña. Durante su tiempo libre, le gusta descubrir el mundo y sus culturas, leer y pasear por la playa. Actualmente vive en Fort Lauderdale, Florida.

www.ingramcontent.com/pod-product-compliance
Lightning Source LLC
Chambersburg PA
CBHW080728300426
44114CB00019B/2510